Der Herzberger Quader

Rainer Gutsche

Der Herzberger Quader

Geometrie spielerisch verpackt

Rainer Gutsche
Peiting, Deutschland

ISBN 978-3-662-71559-8   ISBN 978-3-662-71560-4   (eBook)
https://doi.org/10.1007/978-3-662-71560-4

Die Deutsche Nationalbibliothek verzeichnet diese Publikation in der DeutschenNationalbibliografie; detaillierte bibliografische Daten sind im Internet über https://portal.dnb.de abrufbar.

Planung/Lektorat: Anna Sippel
Springer ist ein Imprint der eingetragenen Gesellschaft Springer-Verlag GmbH, DE und ist ein Teil von Springer Nature.
Die Anschrift der Gesellschaft ist: Heidelberger Platz 3, 14197 Berlin, Germany

Einleitung

Wenn man gleiche Würfel flächenbündig zusammenfügt, entstehen Körper, die in der Mathematik mit dem Begriff *Polywürfel* bezeichnet werden. Da die tatsächliche Größe der einzelnen Würfel dabei keine Rolle spielt, nennt man sie Einheitswürfel.

Der kleinste echte Polywürfel entsteht durch das Zusammenfügen von zwei dieser Einheitswürfel. Und obwohl jeder der beiden Einheitswürfel sechs Flächen hat, gibt es aufgrund der Symmetrie keine Möglichkeit, zwei verschiedene *Biwürfel* (so wird der Polywürfel aus zwei Einheitswürfeln – also der Würfelzwilling – genannt) zu erzeugen.

Als nächsten Schritt kann man versuchen, an diesen Biwürfel einen weiteren Einheitswürfel anzufügen, um einen *Triwürfel* (Würfeldrilling) zu erhalten. Am Biwürfel gibt es dafür zehn freie Flächen, es entstehen aber nur zwei verschiedene Triwürfel, ein gerader und ein abgewinkelter.

Der nächste Einheitswürfel führt uns zu den *Tetrawürfeln* (Würfelvierlingen). Offensichtlich können wir vier Einheitswürfel in einer Reihe anordnen, was einen geraden Tetrawürfel erzeugt.

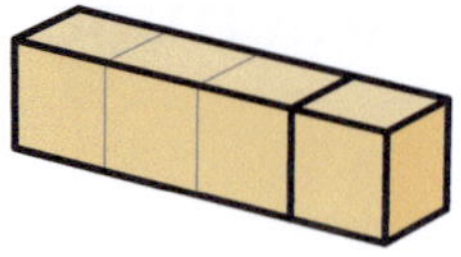

Alle anderen möglichen Tetrawürfel versuchen wir aus dem abgewinkelten Triwürfel zu erzeugen. Dafür haben wir acht Flächen, auf denen der neue Einheitswürfel in der Ebene der drei schon vorhandenen Würfel liegen wird, und jeweils drei Flächen oben und unten, auf denen der neue Einheitswürfel außerhalb dieser Ebene zu liegen kommt. Da der abgewinkelte Triwürfel spiegelsymmetrisch ist, verwundert es nicht, dass wir nicht vierzehn weitere Tetrawürfel erhalten, sondern nur die Hälfte davon, nämlich vier zweidimensionale und drei tatsächlich dreidimensionale.

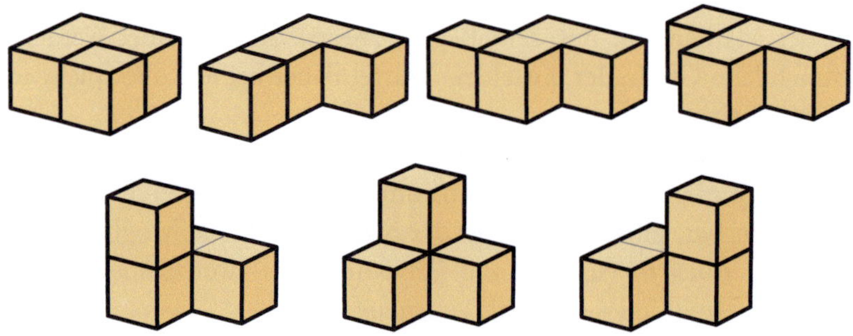

Natürlich fehlt nun noch die Kontrolle, was für Tetrawürfel wir erhalten, wenn wir den geraden Triwürfel nicht verlängern, sondern den neuen Einheitswürfel seitlich anfügen. Aber alle so erzeugbaren Tetrawürfel (es sind nur zwei) sind uns schon bekannt.

An dieser Stelle haben wir genügend Polywürfel für unsere Zwecke, und ein Weitermachen würde schnell zur umfangreichen Aufgabe. Es gibt nämlich bereits 29 verschiedene *Pentawürfel* (Fünflinge) und 166 verschiedene *Hexawürfel* (Sechslinge).

Im Weiteren werden wir mit den vorgestellten elf Bausteinen arbeiten und vergeben diesen deshalb eindeutige Namen. Um sie bei Bedarf auch in komplexeren Abbildungen leicht unterscheiden zu können, weisen wir ihnen eine Abkürzung und auch gleich je eine Farbe zu.

Den Biwürfel und die beiden Triwürfel werden wir mit den korrespondierenden Zahlen kennzeichnen, die acht Tetrawürfel erhalten anschauliche Namen, deren jeweiliger Anfangsbuchstabe gleich als Abkürzung benutzt werden kann.

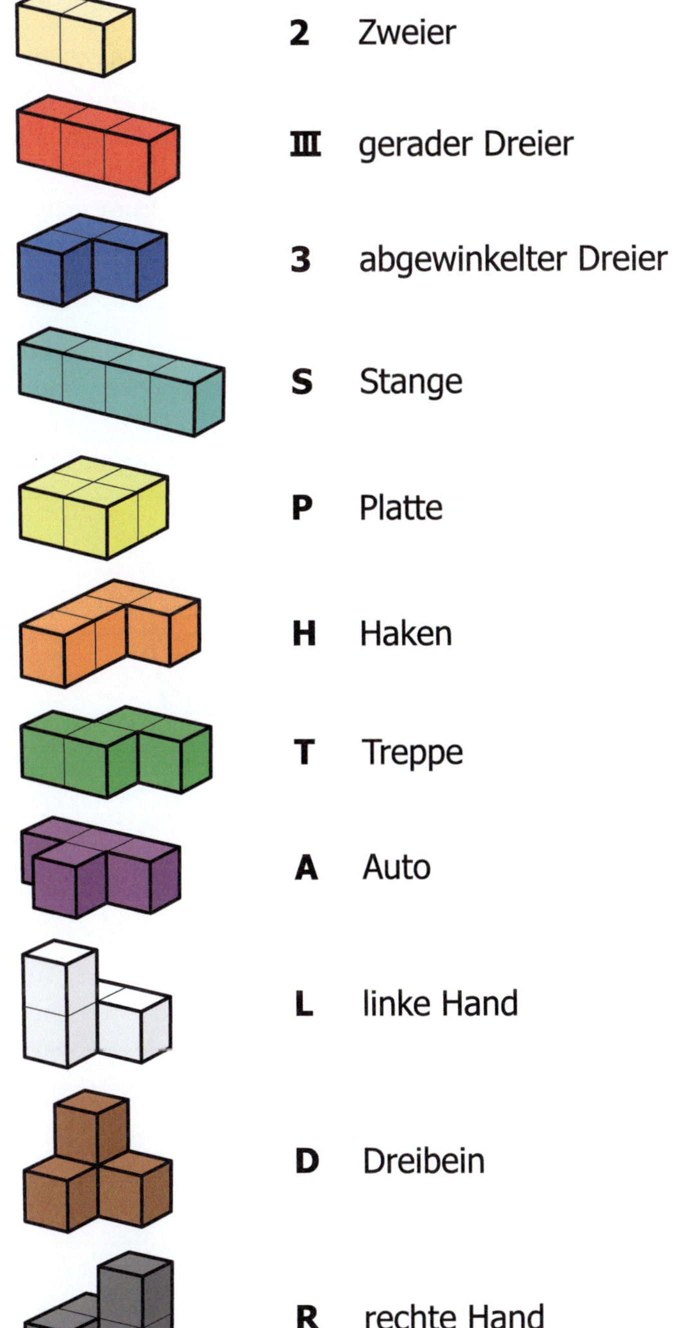

2   Zweier

Ⅲ   gerader Dreier

3   abgewinkelter Dreier

S   Stange

P   Platte

H   Haken

T   Treppe

A   Auto

L   linke Hand

D   Dreibein

R   rechte Hand

Dazu gleich noch zwei Hinweise:

- Die Abkürzung für den geraden Dreier ist die römische Zahl III. Da ein einzelnes Zeichen „römisch drei" nur selten zur Verfügung stehen dürfte, wird der gerade Dreier oft mit einem einzigen Großbuchstaben I abgekürzt.
- Zur Unterscheidung von linker und rechter Hand kann man seine Hand mit der Kante nach unten halten, die Finger anwinkeln und den Daumen nach oben abspreizen.

Alle Bausteine zusammen bestehen aus insgesamt 40 Einheitswürfeln, die rein rechnerisch einen Quader 5 × 4 × 2 bilden können. Und tatsächlich lassen sich die elf Bausteine zu einem solchen Quader zusammensetzen, es gibt dafür sogar 4 441 090 unterschiedliche Anordnungen. Dieser Quader ist der

HERZBERGER QUADER.

Inhaltsverzeichnis

1

Zusammensetzungen

Eine Möglichkeit, den Herzberger Quader aus den elf Bausteinen zusammenzusetzen, könnte wie folgt aussehen.

Daraus lässt sich aber noch nicht klar erkennen, welcher Baustein an welcher Stelle liegt. Das Kennzeichnen der einzelnen Bausteine hilft enorm – ausreichend ist es allerdings ebenfalls noch nicht.

Um auch die verdeckten Einheitswürfel zu sehen, ist es besser, den Aufbau des Quaders (wie auch jedes anderen Körpers) schichtweise zu dokumentieren. Das kann dann zum Beispiel so aussehen (von oben nach unten).

© Der/die Autor(en), exklusiv lizenziert an Springer-Verlag GmbH, DE, ein Teil von Springer Nature 2025
R. Gutsche, *Der Herzberger Quader,* https://doi.org/10.1007/978-3-662-71560-4_1

In der Praxis ist es jedoch einfacher, jeden Einheitswürfel mit seiner Abkürzung zu kennzeichnen.

R	T	T	A	L
T	T	A	A	A
P	P	D	3	3
H	S	S	S	S

R	I	I	I	L
R	R	D	L	L
P	P	D	D	3
H	H	H	2	2

Im Anschluss daran benötigt man auch die Trennstriche nicht mehr, eine Darstellung wie die folgende sagt alles aus.

R	T	T	A	L
T	T	A	A	A
P	P	D	3	3
H	S	S	S	S

R	I	I	I	L
R	R	D	L	L
P	P	D	D	3
H	H	H	2	2

Bei komplizierten Formen von Körpern kann es mitunter hilfreich sein, freie Stellen – also nicht vorhandene Einheitswürfel – ebenfalls zu kennzeichnen.

2

Darstellungen

Kehren wir noch einmal zum Quader zurück, diesmal noch ohne Angabe einer Lösung.

Das ist aber in Wirklichkeit nicht der Quader selbst, sondern nur ein flaches Abbild. Wenn wir dreidimensionale Gegenstände aus unserer realen Welt auf Papier oder andere Flächen abbilden möchten, so müssen wir sie irgendwie aufbereiten. Dazu dienen *Projektionen,* mit denen Ansichten dreidimensionaler Körper in einer Ebene erzeugt werden. Beispiele dafür finden wir bereits in den Höhlenzeichnungen unserer Urvorfahren, bei jedem Foto, im Kino, auf jedem Bildschirm und sogar auf der Netzhaut unserer Augen. Sogenannte 3D-Darstellungen sind dabei keine Ausnahme. Es handelt sich bei ihnen um Stereo-Verfahren, die gleichzeitig zwei Projektionen aus geringfügig verschiedenen Blickwinkeln nutzen.

© Der/die Autor(en), exklusiv lizenziert an Springer-Verlag GmbH, DE, ein Teil von Springer Nature 2025
R. Gutsche, *Der Herzberger Quader,* https://doi.org/10.1007/978-3-662-71560-4_2

Zentralprojektion

Es gibt nun verschiedene Möglichkeiten, Projektionen zu erzeugen. Die schönste für uns ist die, die aussieht wie der Körper selbst, also so, wie unser Auge den dreidimensionalen Körper abbilden würde. Wir beschränken uns zunächst auf ein Auge. Für das andere Auge gilt natürlich dasselbe, nur dass das Resultat ein wenig anders aussieht, da beide Augen von verschiedenen Stellen auf das Objekt blicken. Darauf werden wir am Ende dieses Kapitels eingehen.

Um diese Projektion auf Papier zu erstellen, bietet sich folgende Vorgehensweise an. Wir stellen uns das Papier einmal ein wenig lichtdurchlässig vor, strahlen den dahinter befindlichen Gegenstand hell genug an und schauen mit unserem Auge durch das Papier hindurch auf den Gegenstand. Jetzt können wir auf dem Papier jedes sichtbare Detail nachzeichnen.

Wenn wir fertig sind, nehmen wir den Gegenstand hinter dem Papier weg – das Bild bleibt, und zwar genau so, wie es unser Auge ohne das Papier dazwischen auch gesehen hätte. Da sich geometrisch betrachtet alle Lichtstrahlen vom Gegenstand in Richtung Papier in einem zentralen Punkt, nämlich unserem Auge treffen, nennt man diese Projektionsart *Zentralprojektion*.

Bei Zentralprojektionen ist der Abstand zwischen Objekt und Auge entscheidend für das Aussehen des Bildes. Um das Prinzip zu verdeutlichen, wurde der zentrale Teil im folgenden Bild übertrieben dargestellt (wie übrigens auch die Abbildung am Ende der Einleitung). Die gezeigte Ansicht erhält man bei Würfeln mit einer Kantenlänge von 1 cm aus einem Betrachtungsabstand von etwa 4 cm. Die gleiche Ansicht erhält man jedoch ebenfalls beim normalen Sehabstand um die 40 cm, wenn der gezeigte Baustein aus Würfeln der Kantenlänge 10 cm zusammengesetzt wäre. In dieser Größe hat natürlich nur ein einziger Würfel auf der Seite Platz. Der im Hintergrund grau dargestellte Würfel wirkt tatsächlich nicht mehr so übertrieben wie der vordere Würfel des kleinen Dreibeins im Vordergrund, obwohl er völlig gleich, nur eben viel größer dargestellt ist.

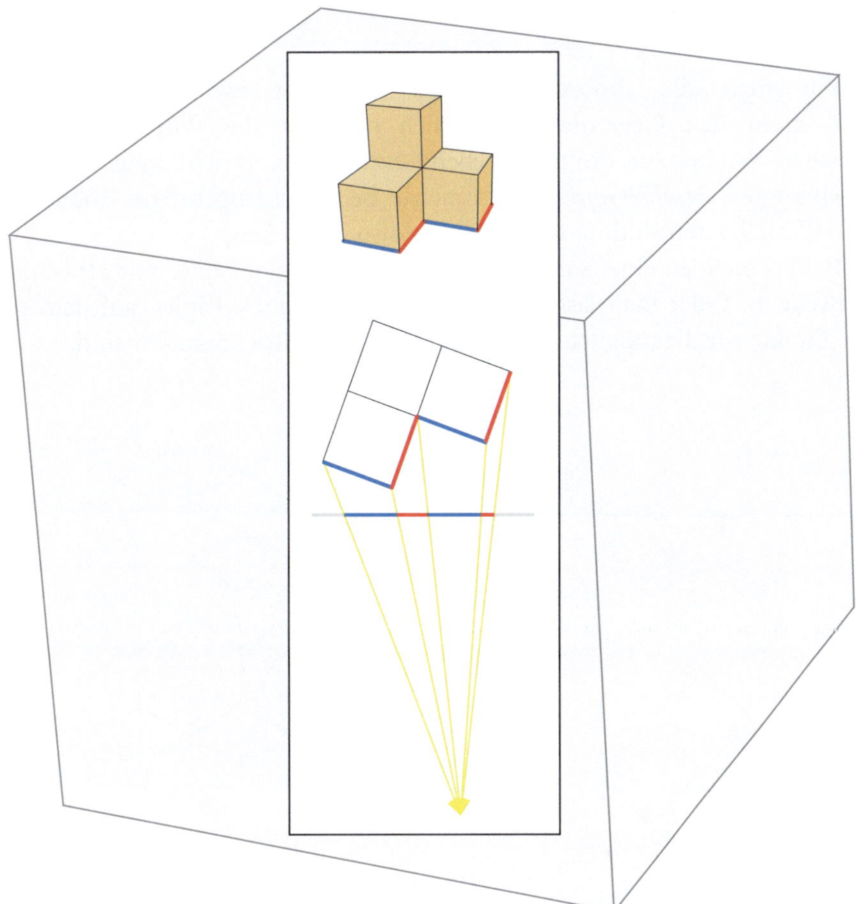

Auch wenn diese Projektion auf jeden Fall die schönste ist, hat sie einen ganz gravierenden Nachteil, denn sie lässt sich nur mit viel Aufwand zeichnen. Wesentlich einfacher sind Projektionen, bei denen die Projektionsstrahlen nicht in einem Punkt zusammenlaufen, sondern alle parallel zueinander sind. Dann sehen nämlich alle unsere Einheitswürfel identisch aus, was das Zeichnen deutlich vereinfacht.

Parallelprojektionen

Wählt man die Projektionsstrahlen senkrecht zur Projektionsebene und dreht den Gegenstand zusätzlich so, dass alle Würfelkanten den gleichen Winkel zur Projektionsebene einnehmen, spricht man von einer *isometrischen Parallelprojektion*. Isometrie bedeutet längentreue Abbildung, alle Würfelkanten sind in der Projektion also gleich lang.

Beim Zeichnen einer solchen Projektion kann man Papier mit Hilfslinien verwenden. Oder man lässt die Linien weg und nutzt Papier, auf dem nur die Punkte für die möglichen Ecken der Einheitswürfel markiert sind.

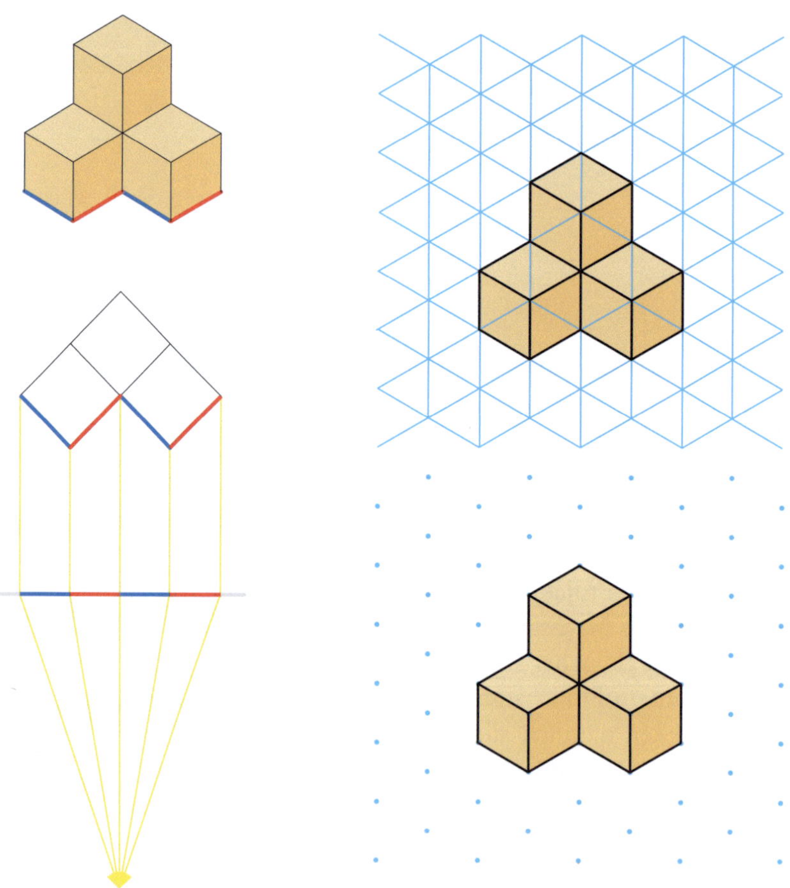

Eine andere Möglichkeit ergibt sich, wenn man die vordere Würfelfläche des Gegenstands parallel zur Projektionsebene anordnet, die Projektionsstrahlen dagegen nicht senkrecht dazu. In diesem Fall spricht man von *schräger* (oder *schiefer*) *Parallelprojektion*. Zum einfachen Zeichnen wählt man den Winkel so, dass alle in die räumliche Tiefe gehenden Würfelflächen halb so groß wie die Frontseite abgebildet werden.

Auch hier kann man Papier mit Hilfslinien oder nur mit den Punkten für die Würfelecken benutzen. Wie leicht zu erkennen ist, eignet sich gewöhnliches kariertes Papier für diesen Zweck ebenfalls sehr gut.

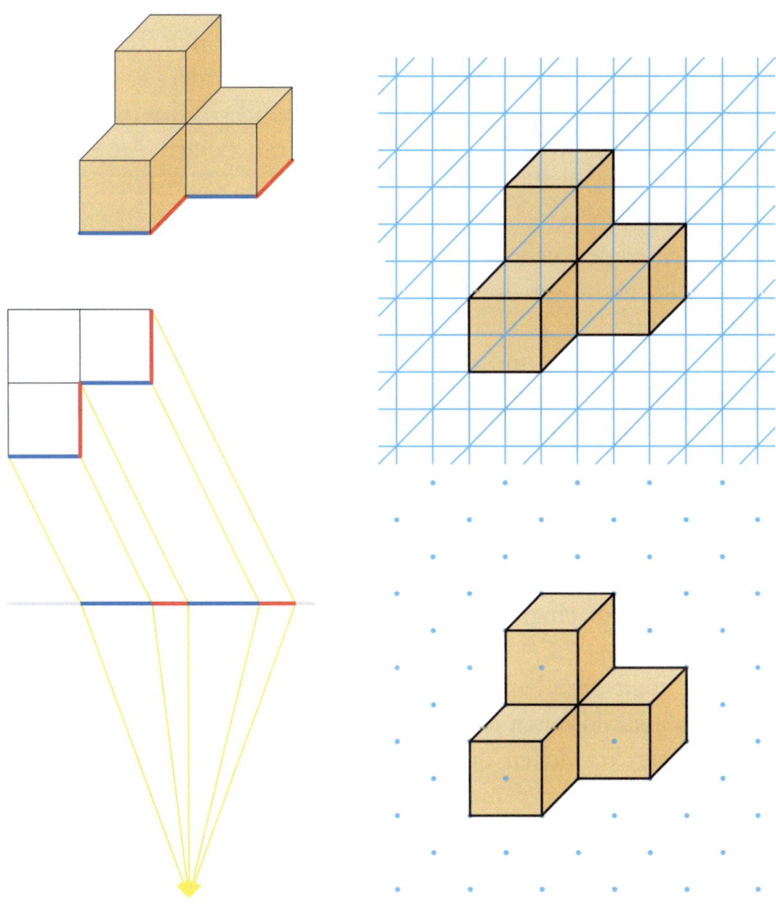

Stereoprojektion

Die bisher vorgestellten Projektionsmöglichkeiten reichen für den Herzberger Quader praktisch immer aus. Bei komplexeren Gebilden mit vielen Einheitswürfeln, die noch nicht einmal unter Berücksichtigung der Schwerkraft angeordnet sind, trifft das nicht mehr zu. Um auch diese anschaulich darzustellen, kann man einen räumlichen Eindruck erzeugen, indem man zwei Zentralprojektionen nutzt – für jedes Auge eine.

Auf der folgenden Seite befinden sich drei Beispiele für diese Stereo-Bilder. Sie wirken am realistischsten, wenn man sie aus der normalen Leseentfernung von etwa 40 Zentimetern betrachtet, das linke Teilbild mit dem linken Auge, das rechte mit dem rechten. Dies erfordert etwas Übung, da unsere Augen es gewohnt sind, den Objektabstand gleichzeitig für die Konvergenz (Abweichung von der Parallelen, um mit beiden Augen denselben Punkt anzupeilen) und die Akkommodation (das Scharfstellen) zu nutzen. Das Stereo-Bild zeigt jedoch das Bild in Leseentfernung scharf an, die Augen müssen aber einen deutlich weiter entfernten Punkt fixieren.

Wer das Bild nicht auf dem Papier betrachtet, sollte darauf achten, dass die Bildgröße auf dem Bildschirm in etwa der auf dem Papier entspricht, die beiden Teilbilder also um reichlich 5 cm gegeneinander verschoben sind. Besonders ungünstig wirken sich Vergrößerungen aus, da die meisten Menschen bei Verschiebungen ab etwa 6 cm keinen Stereo-Effekt mehr erkennen können.

Als Hilfestellung kann man versuchen, das Bild dicht vor die Augen zu halten, ohne es scharf sehen zu wollen. Jedes Auge sieht dann nur sein Teilbild. Nun vergrößert man langsam den Abstand und lässt jedes Auge weiterhin nur sein Teilbild sehen. Irgendwann schafft man es dabei, das Bild auch scharf zu stellen.

Oder man stellt eine Pappe zwischen die beiden Teilbilder, sodass jedes Auge nur sein Teilbild sehen kann.

Nach ein paar Versuchen des Scharfstellens sollte sich der Stereo-Effekt einstellen. Und dann kann man auch die Unterschiede zwischen den drei Abbildungen erkennen, wobei besonders die untere buchstäblich ins Auge sticht.

3

Einschichtige Körper

Eigentlich ist der Herzberger Quader ein dreidimensionales Puzzle, und gerade dies ist seine Stärke. Trotzdem beschäftigen wir uns hier zunächst mit einschichtigen Körpern, also nur in zwei Dimensionen. Das ist natürlich viel leichter, aber – wie wir sehen werden – deshalb noch lange nicht immer einfach.

Mathematisch gesehen bewegen wir uns damit im Bereich der Quadrate, die in unserem realen Beispiel zufällig eine Dicke gleich ihrer Kantenlänge besitzen. Zusammensetzungen von Quadraten nannte Solomon W. Golomb[1] 1953 *Polyominos,* beschäftigte sich aber schon bald darauf mit dreidimensional angeordneten flachen Polywürfeln.

Wenn wir unsere Bausteine betrachten, stellen wir sofort fest, dass drei von ihnen hier nicht Verwendung finden können, da sie selbst bereits dreidimensional sind. Die verbleibenden acht Bausteine haben insgesamt 28 Einheitswürfel. Damit könnten wir also eigentlich folgende (rechteckige) Straßen pflastern:

Breite 1, Länge 1 bis 28
Breite 2, Länge 2 bis 14
Breite 3, Länge 3 bis 9
Breite 4, Länge 4 bis 7
Breite 5, Länge 5
Geht das wirklich?

---

[1] Alle im Buch erwähnten Personen werden in Kapitel 14 kurz vorgestellt.

R. Gutsche, *Der Herzberger Quader,* https://doi.org/10.1007/978-3-662-71560-4_3

Wir gehen systematisch vor. Für die Breite 1 können wir nur diejenigen Bausteine verwenden, die eindimensional sind. Das sind aber nur die Bausteine 2, III und S. Mit diesen lassen sich dementsprechend nur die Längen 2, 3, 4, 5 (2 + 3), 6 (2 + 4), 7 (3 + 4) und 9 (2 + 3 + 4) realisieren.

Aus den anderen Breiten sticht zunächst nur noch 3×9 hervor. Mit insgesamt 28 Einheitswürfeln lässt sich kein Körper mit 27, also nur einem Einheitswürfel weniger, konstruieren.

Alle anderen Straßen müssen wir ausprobieren. Wenn wir eine Lösung finden, wissen wir, dass es möglich ist. Wir wissen dann aber noch nicht, ob es auch noch andere Lösungen[2] gibt (und schon gar nicht, wie viele davon). Gelingt es uns nicht, eine Lösung zu finden, wissen wir nur, dass wir (noch) keine Lösung gefunden haben. Für das Pflastern der verbleibenden Straßen mit den uns zur Verfügung stehenden Bausteinen gibt es immer mindestens eine Lösung, so viel sei an dieser Stelle verraten. Für welche Straßen gibt es nur eine einzige Lösung?

Jetzt wollen wir Straßen pflastern, indem wir nur die fünf flachen Tetrawürfel bzw. Tetrominos verwenden, also Stange, Platte, Haken, Auto und Treppe. Wir verfügen demzufolge über insgesamt 20 Einheitswürfel, diese aber nur als Vierlinge. Deshalb muss die Straße (unser Rechteck) eine durch vier teilbare Anzahl von Pflastersteinen aufweisen. Aus diesem Grund kommen nur folgende Flächen in Betracht: 2×2, 2×4, 2×6, 2×8, 2×10, 3×4, 4×4, 4×5.

Die erste „Straße" 2×2 ist primitiv, es gibt nur eine Lösung, die Platte. Die anderen hingegen bereiten uns alle Probleme. Geht es tatsächlich nicht? Die Sicherheit, dass es keine Lösung gibt, können wir nur erhalten, wenn wir nachweisen können, dass eine Lösung unmöglich ist.

Sehen wir uns zunächst die anderen Straßen mit der Breite 2 an. Die Stange kann nur längs der Straße verlegt werden, also bleiben vier Einheitswürfel daneben, die mit den restlichen Bausteinen gefüllt werden müssen. Das ist aber unmöglich, da vom Haken nur zwei Einheitswürfel dafür verwendet werden können und von den anderen Bausteinen nur maximal einer. Neben der Stange bliebe also immer eine Lücke, die Stange scheidet also für die zwei Würfel breite Straße aus.

Dasselbe passiert auch mit dem Haken, denn er benötigt zwei Einheitswürfel neben sich, die verbleibenden Bausteine können dafür aber nur maximal einen liefern.

---

[2] Eine gedrehte oder gespiegelte Anordnung ist dabei keine andere, sondern dieselbe Lösung, wie in Kapitel 4 noch ausführlich besprochen werden wird.

Nun bleiben noch Treppe und Auto, aber bei diesen gibt es ebenfalls ein Problem. Wenn sie am Anfang oder am Ende der Straße liegen, bleibt ein Einheitswürfel frei. Aber selbst, wenn sie irgendwo in der Mitte liegen sollten, werden bis zum Anfang und bis zum Ende jeweils eine ungerade Anzahl von Einheitswürfeln benötigt. Alle nutzbaren Bausteine haben aber eine gerade Anzahl von Einheitswürfeln, also ist auch das unmöglich.

Wir haben damit bewiesen, dass mit unseren fünf flachen Tetrawürfeln keine Straßen mit der Breite 2 außer dem Quadrat 2×2 gepflastert werden können.

Wenden wir uns nun den restlichen drei Straßen zu und beginnen mit der größten Fläche 4×5, für die alle fünf Bausteine benötigt werden. In Gedanken färben wir die Straße wie ein Schachbrett schwarz-weiß ein, das ergibt zehn weiße und zehn schwarze Einheitswürfel. Jetzt versehen wir (wieder in Gedanken) unsere Bausteine mit dem gleichen Schachbrett-Muster. Stange, Platte, Haken und Treppe enthalten dadurch je zwei weiße und zwei schwarze Einheitswürfel, das Auto drei weiße und einen schwarzen oder umgekehrt drei schwarze und einen weißen. Für alle fünf Bausteine zusammen ergibt das immer eine ungerade Anzahl von weißen und eine ungerade Anzahl von schwarzen Einheitswürfeln. Somit lässt sich die Straße 4×5 nicht realisieren. Diese Eigenschaft des Autos stört aber ebenfalls bei den beiden anderen Straßen, denn auch diese benötigen eine gerade Anzahl von weißen und schwarzen Einheitswürfeln, sodass das Auto auch für diese als verwendbarer Baustein ausscheidet.

Auf der quadratischen Fläche 4×4 befindet sich in einer Lösung, falls diese existieren sollte, auch die Stange. Und da letztere vier Einheitswürfel lang ist, teilt sie die Gesamtfläche in zwei oder drei rechteckige Teile. Ein Teil ist die Stange selbst, die anderen Teile sind die Bereiche zu beiden Seiten der Stange – oder eben nur ein Teil, falls die Stange am Rand der Straße liegen sollte. Falls es drei Teile sein sollten, ist einer davon zwei Einheitswürfel breit. Dass das nicht funktionieren kann, haben wir bereits gezeigt. Außerdem wäre der andere Teil nur einen Einheitswürfel breit, die Stange aber nicht mehr verfügbar.

Bleibt als letzte Möglichkeit also ein Rechteck 3×4 mit den Bausteinen Platte, Haken und Treppe. Dafür könnte man – diese Möglichkeit besteht theoretisch immer – eine komplette Fallunterscheidung durchführen. Elegant wäre das aber nicht, deshalb unternehmen wir einen anderen Versuch, der effizienter erscheint, und betrachten die Ecken unseres Rechtecks und alle Möglichkeiten, unsere Bausteine innerhalb des Rechtecks zu positionieren. Die Platte belegt dabei entweder eine Ecke oder aber keine Ecke. Der Haken kann sogar zwei Ecken gleichzeitig belegen, die Treppe wiederum nur maximal eine. Da vier Ecken benötigt werden, muss der Haken (an der kürzeren Seite des Rechtecks) zwei Ecken belegen. Positioniert man nun die Platte nacheinander in die restlichen beiden Ecken, bleiben jedes Mal vier Einheitswürfel frei, die jedoch nicht die Form der Treppe besitzen.

Damit ist der Beweis komplett: Der einzige einschichtige Quader, der mit den fünf flachen Tetrawürfeln (Stange, Platte, Haken, Treppe und Auto) gebaut werden kann, ist die triviale Lösung Platte, dieser Baustein ist selbst ein einschichtiger Quader.

Bevor wir uns nun endlich der dritten Dimension zuwenden, noch ein paar Anmerkungen. In diesem Kapitel wurde ganz bewusst auf Abbildungen verzichtet. Das schult das Abstraktionsvermögen und bedeutet nicht, dass man sich keine eigenen Skizzen anfertigen sollte, ganz im Gegenteil! Das Verarbeiten des Gelesenen durch zeichnerische Darstellung ist sogar eine gute Übung, die bei der weiteren Beschäftigung mit dem Herzberger Quader immer wieder hilfreich sein kann. Und nicht ganz zufällig haben wir einige Beweisansätze vorgestellt, die auch oder besonders bei drei Dimensionen nützlich sein werden. Wenn jemand Zweifel hegt, die Beweisideen komplett verstanden zu haben, ist jetzt die beste Gelegenheit, diese noch einmal durchzuarbeiten – bevorzugt mithilfe von Stift und Papier.

4

Lösungen

Wenn die Bausteine des Herzberger Quaders zum ersten Mal vor einem liegen, hat man eine unvorstellbare Anzahl von Möglichkeiten, daraus einen dreidimensionalen Körper zusammenzusetzen. Für die erste Übung schlug Martin Gardner bereits 1958 den folgenden Körper vor.

Dieses Auto mit der Breite 2 ist sehr übersichtlich und trotzdem für den Anfänger nicht unbedingt leicht zusammenzusetzen. Wenn man es dann geschafft hat, stellt sich die Frage, wie viele Lösungen es dafür gibt.

Eine weitere Lösung ist dabei immer nur diejenige Anordnung der Bausteine, die auch im mathematischen Sinne neu ist, das heißt die sich nicht durch Drehung und gegebenenfalls Spiegelung auf eine bereits bekannte zurückführen lässt. Mathematisch ausgedrückt sind untereinander isomorphe (strukturgleiche) Anordnungen also dieselbe Lösung, gezählt werden nur die nicht isomorphen. Für das eben erwähnte doppelt breite Auto existiert deshalb nur eine einzige Lösung.

Drehung

Zunächst sei angemerkt, dass uns hier nur Drehungen interessieren, bei denen die Würfelkanten nach der Drehung alle wieder parallel zu Würfelkanten vor der Drehung sind. Für einen einzelnen Einheitswürfel bedeutet dies, dass er nach der Drehung genauso aussieht wie zuvor. Wenn wir bei diesem die Ecken, Kanten oder Flächen unterschiedlich kennzeichnen, sind einige davon nach der Drehung an einer anderen Stelle. Nun können wir die Menge der verschiedenen Lagen des Einheitswürfels bestimmen.

Wenn wir den Würfel auf eine Fläche legen, können wir ihn in Schritten von 90° um die Senkrechte zu dieser Fläche drehen, das sind also vier verschiedene Lagen. Da der Würfel sechs Flächen hat, ergeben sich insgesamt 24 verschiedene Lagen des Würfels.

Wir können natürlich auch den Würfel auf eine Ecke stellen und in Schritten (von dann 120°) um die Raumdiagonale durch diese Ecke drehen. Da der Würfel acht Ecken hat, erhalten wir die gleichen 24 verschiedenen Lagen des Würfels.

Und selbst wenn wir den Würfel auf eine Kante stellen, können wir durch eine Drehung Anfang und Ende dieser Kante vertauschen, und das bei zwölf unterschiedlichen Kanten.

Wer sich mit Geometrie bereits etwas auskennt weiß, dass mehrere nacheinander ausgeführte Drehungen zu einer einzigen Drehung zusammengefasst werden können. Mathematisch genügt also eine Drehung, auch wenn es für uns deutlich anschaulicher ist, die gegebenenfalls mehreren Drehungen nacheinander senkrecht zu unseren Würfelflächen durchzuführen.

Versuchen wir uns zunächst an unseren Bausteinen und bestimmen alle möglichen Lagen. Für die rechte Hand gibt es zwölf davon.

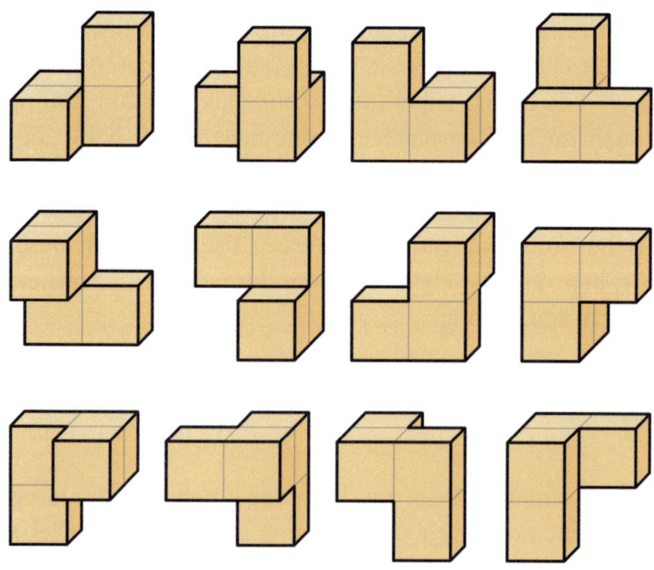

Wer üben möchte, kann das analog mit den anderen Bausteinen durchführen. Wie viele verschiedene Möglichkeiten gibt es jeweils? Welcher Baustein hat die meisten?

Schauen wir uns nun ein kleines Beispiel an. Wir verwenden dafür den folgenden Körper aus zehn Einheitswürfeln, gefunden haben wir als erste Lösung diese mit Haken, Treppe und Zweier:

Wenn die nächste gefundene Anordnung nicht dieselben Bausteine benutzen sollte, kann sie durch Drehung offensichtlich nicht in die bereits bekannte überführt werden, dann ist sie also auf jeden Fall neu.

Deshalb untersuchen wir eine Anordnung mit denselben drei Bausteinen, jedoch diesmal eine andere:

Jetzt benötigen wir alle 24 Lagen dieser Anordnung, um sie mit der ersten Lösung zu vergleichen. Eine haben wir bereits, bleiben 23. Aber natürlich müssen wir diese nicht alle ausprobieren. Denn unser Körper selbst kennt nur eine einzige Drehung, aus der er deckungsgleich hervorgehen kann. Bildlich gesprochen ist unser Körper ein $2 \times 2 \times 2$-Würfel mit einer „Nase" rechts und einer oben. Wenn wir also die rechte Nase nach oben kippen und dann den Körper auf der Grundfläche so drehen, dass die andere Nase wieder nach rechts kommt, haben wir die einzig mögliche Drehung durchgeführt.

Neu ist unsere Anordnung also nicht, es bleibt bei einer gefundenen Lösung.

Für Interessierte noch eine Aufgabe. Wir haben um 90° senkrecht zur Vorderansicht und um 180° senkrecht zur Grundfläche gedreht. Welche Achse hätten wir wählen müssen, um dies mit einer einzigen Drehung zu erreichen? Wie groß wäre dann der Drehwinkel gewesen?

Spiegelung

Wie bei der Drehung geht es hier nur um Spiegelungen (genauer um Spiegelungen an einer Ebene), bei denen die Würfelkanten nach der Spiegelung alle wieder parallel zu Würfelkanten vor der Spiegelung sind. Für einen einzelnen Einheitswürfel bedeutet dies, dass er nach der Spiegelung genauso aussieht wie zuvor. Wenn wir bei diesem die Ecken, Kanten oder Flächen unterschiedlich kennzeichnen, sind diese Bezeichnungen nach der Spiegelung „anderes herum", nach einer zweiten Spiegelung ist alles wieder „richtig herum". Zur Auswahl stehen für den Würfel dabei neun verschiedene Spiegelebenen.

Welche davon für die Spiegelung verwendet wird, ist unerheblich, da oftmals nach der Spiegelung ohnehin noch eine Drehung erforderlich ist, um Deckungsgleichheit zu erreichen.

Wenn wir unsere Bausteine betrachten, erkennen wir neun spiegelsymmetrische und zwei nicht spiegelsymmetrische. Erstere sind mit ihrem eigenen Spiegelbild identisch, das heißt die Spiegelung kann durch eine entsprechende Drehung ersetzt werden. Bei den beiden verbleibenden, nämlich der linken und der rechten Hand, ist das nicht so, solche Bausteine werden als *chiral* bezeichnet. In unserem Fall sind die beiden das Spiegelbild des jeweils anderen Bausteins.

Bei der Spiegelung von Körpern müssen wir also rechte und linke Hand gegeneinander vertauschen. Das bedeutet, dass gegebenenfalls auch die in der Anordnung vorhandene gegen die in der Anordnung ungenutzte getauscht wird.

In seltenen Fällen kann es vorkommen, dass einer der beiden Hand-Bausteine für den Körper gar nicht zur Verfügung steht. Falls dann der einzige nutzbare Hand-Baustein tatsächlich verwendet wurde, kann es – ganz logisch – keine dazu spiegelsymmetrische Anordnung geben.

Spiegelsymmetrische Anordnungen können naturgemäß nur dann auftreten, wenn der Körper selbst spiegelsymmetrisch ist. Da der im vorigen Abschnitt verwendete Körper chiral ist, müssen wir als Beispiel einen anderen wählen. Er besteht wieder aus zehn Einheitswürfeln, genauso wie im vorherigen Beispiel aus Haken, Treppe und Zweier. Die erste gefundene Lösung sei diese:

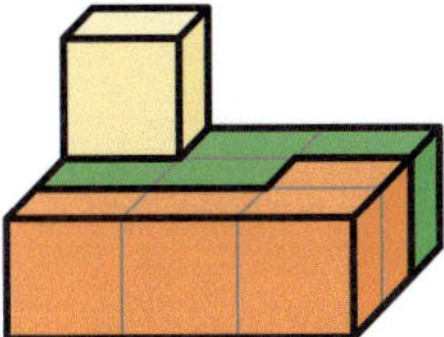

Um spiegelsymmetrisch zur vorherigen Lösung zu sein, darf die nächste gefundene Anordnung nur dieselben spiegelsymmetrischen Bausteine benutzen, dazu jeweils den anderen Hand-Baustein. Letzteres ist jedoch nur dann von Bedeutung, wenn genau einer der beiden Hand-Bausteine verwendet wurde.

Deshalb untersuchen wir eine andere Anordnung mit denselben drei Bausteinen und erzeugen auch gleich deren Spiegelbild.

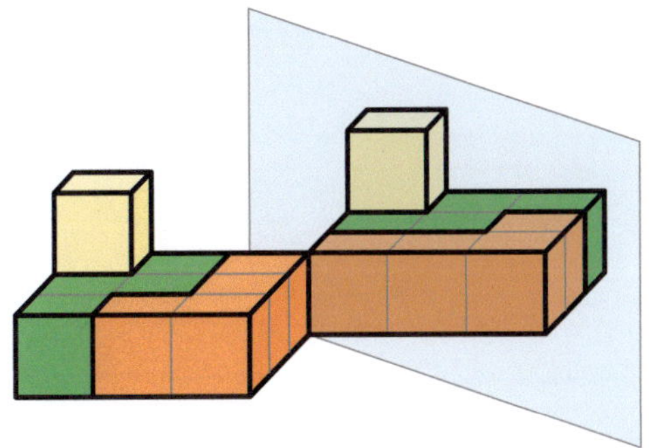

In unserem Fall haben wir die Spiegelebene so gewählt, dass wir das Bild nicht mehr drehen müssen, um sofort zu erkennen, dass unsere Anordnung keine neue Lösung darstellt.

Streng mathematisch gesehen fehlt in unseren Betrachtungen überall die Verschiebung, mit der als letzter Schritt die Deckungsgleichheit hergestellt werden muss, wenn die Drehachse nicht die Symmetrieachse oder die Spiegelebene nicht die Symmetrieebene ist. Durch unseren natürlichen Bezug zur Umwelt ist eine Drehung um einen Punkt im Innern des Körpers nichts Ungewöhnliches, dagegen würde selbst ein unendlich dünner zweiseitiger Spiegel, der durch die Mitte des Körpers verläuft, niemals ein von uns adäquat wahrnehmbares Spiegelbild erzeugen. Die notwendige Transformation eines Spiegelbilds in die reale Welt machen wir automatisch, sodass uns das Problem mit der Verschiebung überhaupt nicht bewusst wird.

Wer nun etwas üben möchte, kann überprüfen, ob er alle 13 Lösungen für den Körper aus dem Abschnitt Drehung und alle elf Lösungen für den hiesigen Körper findet.

Außerdem könnte man jetzt nachweisen, dass das doppelt breite Auto tatsächlich nur eine einzige Lösung besitzt.

5

Festungen

Nachdem wir uns genügend Grundlagen angeeignet haben, wenden wir uns nun dem ersten Körper zu, den wir mit allen Bausteinen des Herzberger Quaders zusammensetzen wollen. So sieht er aus, wir werden ihn als Festung bezeichnen.

Nach einer schnellen Kontrolle, dass der Körper tatsächlich aus 40 Einheitswürfeln besteht, sollte er zunächst einmal in der Praxis zusammengesetzt werden. Dabei fällt sofort auf, dass das Dreibein und die beiden Hände unbedingt drei der Ecktürme erzeugen müssen. Und für den vierten Turm eignen sich auch nur einige der verbleibenden Bausteine. Welche sind das? Der Rest ist Fleiß und ein bisschen Glück.

Wenn wir unsere Körper notieren wollen, können wir fast immer eine Projektion wie die obige nutzen, einfacher jedoch uns eine der in Kapitel 2 gezeigten Parallelprojektionen zeichnen. Für die meisten Körper geht das aber noch viel einfacher. Wenn unser Körper statt aus Bausteinen auch aus vielen einzelnen, nicht zusammengeklebten Einheitswürfeln zusammengesetzt werden kann, muss nur auf dem Grundriss die jeweilige Höhe angegeben werden.

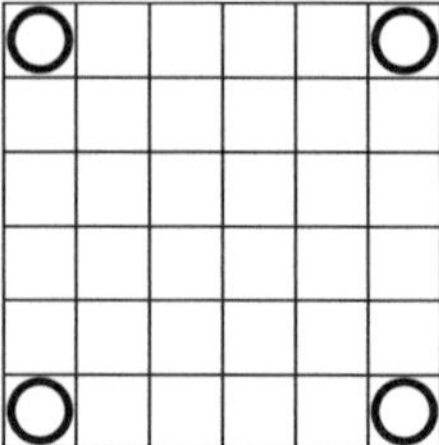

Unsere Festung sähe dann einfach so wie links abgebildet aus. In diesem konkreten Fall können wir auch die Einsen weglassen und an den Stellen der Türme anstelle der Zweien einen Kreis[1] einzeichnen, wie rechts gezeigt.

Für Körper, bei denen der Zusammenhalt zwischen den Einheitswürfeln wichtig ist, bei denen also einige Würfel nicht auf der Grundfläche oder auf anderen Würfeln aufliegen, funktioniert diese Notation selbstverständlich nicht. Damit werden wir uns noch in Kapitel 10 beschäftigen. Außerdem ist eine Projektion für die meisten Menschen anschaulicher, aufgrund der fehlenden Rundumsicht jedoch nicht immer ausreichend.

Wer Spaß am Zusammenbau der Festung gefunden hat, kann die Türme auch an anderen Stellen positionieren. Das führt zu neuen Möglichkeiten für die jeweiligen Zusammensetzungen.

Im Anschluss daran stellt sich die Frage, wie viele verschiedene Möglichkeiten es insgesamt gibt, die Türme auf dem 6×6-Festungsgrundriss zu verteilen. Selbstverständlich zählen als verschiedene Anordnungen auch dabei nur diejenigen, die sich nicht durch Drehung und gegebenenfalls Spiegelung auf eine bereits bekannte zurückführen lassen (vergleiche Kapitel 4).

Dies sind drei Darstellungen derselben Anordnung:

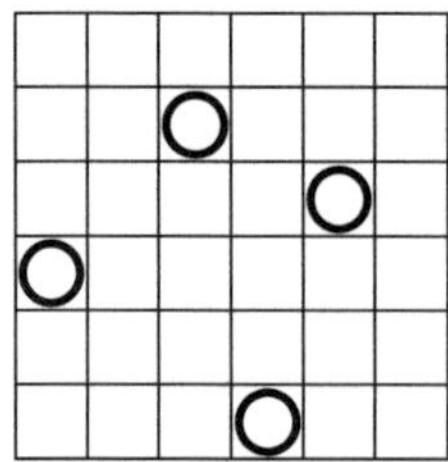 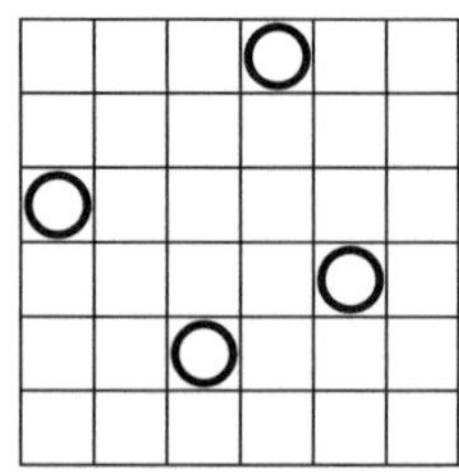 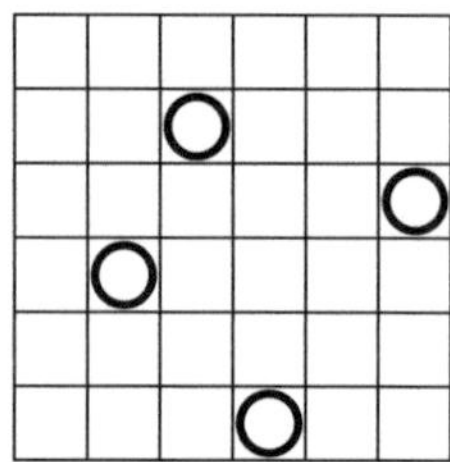

---

[1] Ein Kreuzchen wäre vielleicht zunächst intuitiver, aber ein Kreis erweist sich im weiteren Verlauf als praktischer.

Es gibt noch fünf weitere davon, die man selbst finden sollte. Hilfsmittel sind erlaubt, wegen der Spiegelungen bietet sich hier Transparentpapier an.

Um die Menge der Anordnungen der Türme zu bestimmen, kommt man um Grundkenntnisse der *Kombinatorik,* einem Teilgebiet der Mathematik, nicht herum. Wir wollen uns jedoch weiterhin auf den Herzberger Quader konzentrieren. Aus diesem Grund sei nur verraten, dass es insgesamt 7509 verschiedene Möglichkeiten gibt, die Türme auf dem 6×6-Grundriss zu verteilen. Interessierte dürfen das selbstverständlich selbst nachrechnen[2].

Bemerkenswert ist zunächst, dass drei dieser 7509 Körper mit unseren elf Bausteinen überhaupt nicht lösbar sind. Der Grund dafür ist bei allen drei derselbe. Wer hat die richtige Idee, woran es scheitern könnte, und wer findet dann auch noch die entsprechenden drei Körper?

Eine einfachere Aufgabe ist es, die möglichen Festungen zusammenzubauen. Das kann man bis zum Gesellschaftsspiel ausweiten. Zunächst nummeriert man den Grundriss in beiden Richtungen von 1 bis 6. Dann würfelt man mit einem gewöhnlichen Spielwürfel die Zeilen- und die Spaltennummern für alle vier Türme. Falls dabei ein Platz bereits belegt sein sollte, wiederholt man das Würfeln für diesen Turm.

Alternativ könnte man auch einfach den doppelt gewürfelten Turm erhöhen wollen. Das wäre dann zwar nicht mehr unsere ursprüngliche Festung, aber vielleicht interessanter? Diese Idee müssen wir allerdings sofort wieder verwerfen, denn mit dem höheren Turm entsteht ein unlösbares Problem. Welches?

Nachdem diese Vorbereitungen abgeschlossen sind, wird eine Lösung für den gerade zufällig bestimmten Körper gesucht. Gewonnen hat, wer die Festung in der kürzesten Zeit aus unseren elf Bausteinen zusammengebaut hat.

Wer mehrere Herzberger Quader zur Verfügung hat, kann die Mitspieler oder kleine Gruppen von Spielern direkt gegeneinander antreten lassen, wenn es um das Zusammenbauen geht. Werden Zweiergruppen gebildet, kann ein Mitspieler den Körper in schräger Parallelprojektion zeichnen, während der andere baut. Abschließend kann die gefundene Lösung im Grundriss mit den Abkürzungen und/oder Farben der Bausteine eingetragen werden, so wie in Kapitel 1 gezeigt. Die Türme bleiben unberücksichtigt, ihre Zugehörigkeit zu einem Baustein ergibt sich zwingend aus dem Grundriss. Hier ein Beispiel:

---

[2] Oder im Anhang nachlesen.

Es gibt übrigens genügend Möglichkeiten, dass zwei Türme direkt nebeneinander stehen, also eine gemeinsame Seitenfläche haben. Das ermöglicht deutlich andere Lösungen, als wenn alle vier Türme einzeln stehen.

Die Positionen der Türme haben wir erwürfelt, deshalb zum Schluss noch einige Bemerkungen zu den Wahrscheinlichkeiten. Auf eine Erörterung der Zusammenhänge und der konkreten Rechenwege verzichten wir bewusst, das würde den Rahmen dieses Buchs sprengen. Trotzdem dürfen Interessierte natürlich versuchen, die Werte nachzurechnen, und sich dann freuen, wenn ihre Ergebnisse mit den hier angegebenen übereinstimmen.

Die Wahrscheinlichkeit, dass wir für den ersten Turm einen Platz direkt an der Außenmauer der Festung erhalten, ist größer als die Hälfte, nämlich 55,6 %. Für die weiteren drei Türme ist das fast derselbe Wert, dieser hängt ein wenig von den Positionen der bereits gewürfelten Türme ab. Das bedeutet nun aber keineswegs, dass wir meistens zwei Türme am Rand und zwei im Mittelteil bekommen. In der Wirklichkeit tritt dieser Fall nur mit einer Wahrscheinlichkeit von 38,7 % ein, drei Türme am Rand dagegen mit 31,0 % und ein einziger Turm am Rand mit 19,0 %. Der Fall, dass sich zwei Türme mit ihren Seitenflächen berühren, tritt in fast der Hälfte, nämlich in 46,8 % aller Fälle ein. Wer hätte das gedacht?

Mit 0,03 % richtig unwahrscheinlich ist dagegen das Erwürfeln einer der drei eingangs erwähnten unlösbaren Festungen.

6

Mathematische Hilfsmittel

Nun erscheint es angebracht, unsere elf Bausteine einmal einer genaueren Analyse zu unterziehen, damit wir die Erfahrungen der vorangegangenen Kapitel verallgemeinern, um sie für die weitere Beschäftigung mit dem Herzberger Quader nutzen zu können.

Beginnen wir mit einer einfachen mathematischen Beschreibung unserer „Welt" des Herzberger Quaders. Wir verwenden dazu ein rechtwinkliges dreidimensionales Koordinatensystem (auch als kartesisches Koordinatensystem bezeichnet), in unserem Fall ein rechtsdrehendes. Letzteres bedeutet, dass, wenn wir wie üblich die Z-Achse nach oben zeigen lassen, die Y-Achse von uns weg zeigt, wenn die X-Achse nach rechts zeigt. Ein Einheitswürfel sieht in diesem Koordinatensystem dann wie folgt aus.

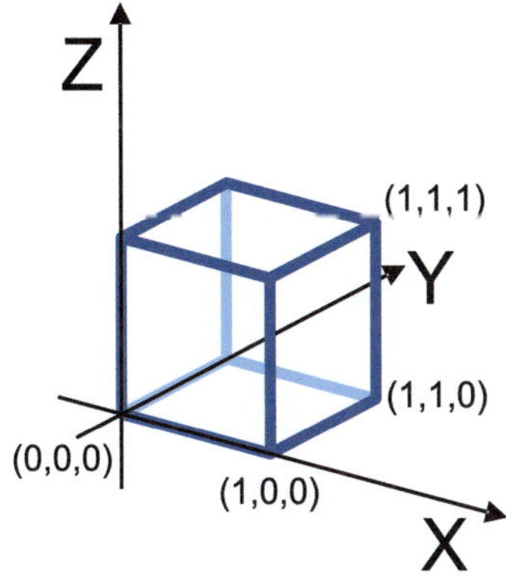

Alle Ecken jedes Einheitswürfels haben ganzzahlige Koordinaten. Um den Einheitswürfel eindeutig zu bezeichnen, können wir uns auf seine jeweils kleinsten Koordinaten auf jeder Achse beschränken. Wir benötigen zur Kennzeichnung also nur ein einziges Tripel, um die Lage jedes Einheitswürfels in unserem Koordinatensystem zu beschreiben. Ein Tripel ist dabei die Zusammenfassung dreier Werte, hier der drei Koordinaten X, Y, und Z. Der oben abgebildete Einheitswürfel hat somit die Koordinaten (0, 0, 0), der rechts daneben hätte die Koordinaten (1, 0, 0), der davor (0, -1, 0), der dahinter (0, 1, 0) und der darüber liegende (0, 0, 1).

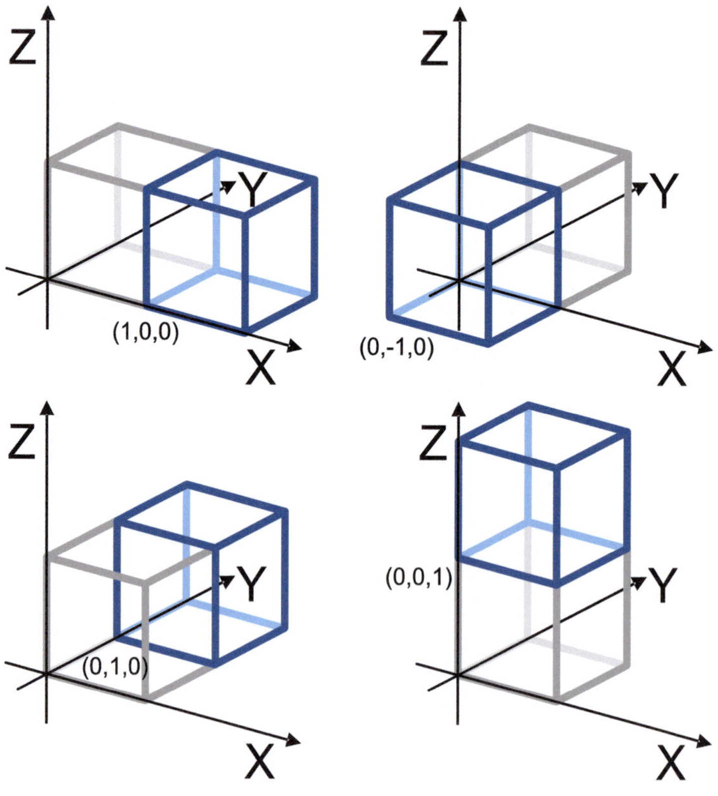

Wenn in unserem Quader aus Kapitel 1 der Haken die Einheitswürfel mit den Koordinaten (0, 0, 0), (1, 0, 0), (2, 0, 0) und (0, 0, 1) belegt, dann gehören die Einheitswürfel mit den Koordinaten (3, 2, 0), (4, 2, 0), (4, 3, 0) und (4, 3, 1) zur linken Hand. Zugegeben, die farbige Darstellung oder die Darstellung der verschiedenen Schichten ist anschaulicher.

Manchmal ist die Verwendung der Koordinaten jedoch von Vorteil. Wenn wir unser Koordinatensystem in Gedanken wie ein Schachbrett schwarz-weiß einfärben wollen, so beginnen wir zum Beispiel beim Einheitswürfel (0, 0, 0) mit Schwarz und wechseln bei jedem Nachbarn jeweils die Farbe. Beim Übergang zu jedem Nachbarn ändert sich aber genau eine der drei Koordinaten um eins, sodass alle Einheitswürfel, deren Summe ihrer drei Koordinaten eine gerade Zahl ist, schwarz sind, genauso wie alle Einheitswürfel, deren Summe ihrer drei Koordinaten eine ungerade Zahl ist, weiß sind. Deshalb spricht man in der Mathematik gern von der *Parität,* wenn den Überlegungen eine schachbrettartige Einfärbung zugrunde liegt.

Wenn wir unsere Bausteine in Gedanken genauso schwarz-weiß einfärben, so finden wir zunächst den Biwürfel und sechs der Tetrawürfel, nämlich Stange, Platte, Haken, Treppe, linke und rechte Hand, die die gleiche Anzahl schwarzer und weißer Einheitswürfel besitzen. Und von diesen hat nur der Haken zwei unterschiedliche Einfärbungen, bei allen anderen kann die Einfärbung durch eine einfache Drehung vertauscht werden. Zur Verdeutlichung kann man diese und die folgenden Einfärbungen gern mit Stift und Papier selbst nachvollziehen.

Die beiden Triwürfel haben entweder einen schwarzen Einheitswürfel in der Mitte, dann sind die beiden Enden weiß, oder aber umgekehrt. Auto und Dreibein geht es genauso, nur dass zu dem Einheitswürfel in der Mitte gleich drei Enden in der jeweils anderen Farbe gehören.

Das Wissen um die Parität hilft uns bereits beim Zusammenbau des Herzberger Quaders, denn die folgenden beiden Anfänge dafür sind wohl keine so gute Idee. Warum?

Nun haben wir sicherlich genügend Grundlagen zusammengetragen, um uns vollständig in die dritte Dimension zu begeben.

7

Quader

Nachdem wir in Kapitel 3 einschichtige Quader untersucht haben, denn genau das sind die dort betrachteten Straßen, wenden wir uns nun den tatsächlich dreidimensionalen zu. Der kleinste Vertreter ist offensichtlich der Würfel $2 \times 2 \times 2$. Als Begrenzung nach oben wirkt die Tatsache, dass uns nur 40 Einheitswürfel zur Verfügung stehen. Deshalb gibt es folgende Möglichkeiten:

Grundfläche 2×2, Höhe 2 bis 10
Grundfläche 2×3, Höhe 3 bis 6
Grundfläche 2×4, Höhe 4 bis 5
Grundfläche 3×3, Höhe 3 bis 4

Somit existieren insgesamt 17 Quader, die in jeder der drei Dimensionen mindestens zwei Einheiten messen und mit maximal 40 Einheitswürfeln gebildet werden können. Die Aufgabe besteht nun darin, mit den elf uns zur Verfügung stehenden Bausteinen Lösungen für diese 17 Körper zu finden.

Würfel $2 \times 2 \times 2$

Wir starten mit dem kleinsten, nämlich dem Würfel $2 \times 2 \times 2$. Und das ist auch sofort ein Beispiel, das nicht gelingen will. Deshalb versuchen wir herauszufinden, woran das liegt.

Benötigt werden für diesen Körper acht Einheitswürfel, das können also rein rechnerisch zwei der Tetrawürfel sein, oder aber die beiden Triwürfel und der Biwürfel. Letzteres scheidet sofort aus, da der gerade Dreier gar

R. Gutsche, *Der Herzberger Quader,* https://doi.org/10.1007/978-3-662-71560-4_7

nicht in den $2 \times 2 \times 2$-Würfel passt. Aus demselben Grund scheiden Stange, Haken, Treppe und Auto aus. Und für die verbleibenden vier Bausteine benötigen wir als zweiten Baustein jeweils immer denselben Baustein noch einmal, was ja nicht funktionieren kann.

Das liegt am Körper, genauer an seiner perfekten Symmetrie. Egal, welche vier Einheitswürfel wir aus dem $2 \times 2 \times 2$-Würfel auswählen, die restlichen vier lassen sich durch eine Drehung um 180° exakt auf die ersten vier abbilden. Selbstverständlich sind dafür nicht alle der durch die Würfelmitte verlaufenden Drehachsen nutzbar, aber mindestens eine funktioniert immer. Vier Drehachsen, nämlich die, die den Raumdiagonalen des Würfels entsprechen, funktionieren nie, weil sie nicht die Plätze aller Einheitswürfel wechseln. Ganz abgesehen davon, dass die Drehung um 120° und nicht um 180° erfolgen müsste.

Hier drängt sich förmlich eine Frage zur Symmetrie auf, die streng genommen nicht zum Herzberger Quader passt: Wie viele verschiedene Anordnungen von vier Einheitswürfeln innerhalb unseres $2 \times 2 \times 2$-Volumens existieren überhaupt? Um diese Frage zu beantworten, machen wir eine vollständige Fallunterscheidung:

1. Alle vier Einheitswürfel liegen auf einer Seite des großen Würfels. Dabei ist ziemlich anschaulich, dass es davon nur eine einzige Anordnung geben kann.
2. Auf einer Seite[1] des großen Würfels liegen drei Einheitswürfel. Dann liegt der vierte auf der gegenüberliegenden Seite, wo es vier Plätze dafür gibt. Allerdings sind die beiden Anordnungen, welche linke und rechte Hand darstellen, zueinander symmetrisch und deshalb nicht doppelt zu zählen. Bleiben also drei Anordnungen übrig.
3. Auf keiner Seite des großen Würfels liegen mehr als zwei Einheitswürfel. Das bedeutet zunächst, dass auf jeder Seite des großen Würfels genau zwei Einheitswürfel liegen, denn einerseits liegt jeder Einheitswürfel gleichzeitig auf drei Seitenflächen, und andererseits hat der Würfel nur sechs davon. Weiterhin können die beiden Würfel einer Seite nur entweder aneinander oder aber diagonal gegenüber liegen. Wir positionieren die beiden ersten Würfel nebeneinander, das sei unten vorn. Dann haben die beiden Flächen unten und vorn bereits zwei Würfel. Somit kann weder die obere vordere Kante einen Würfel erhalten, noch die untere hintere.

---

[1] In der Mathematik bedeutet dies nicht, dass es keine weitere Seite mit dieser Eigenschaft geben darf. Sonst müsste man „auf genau einer Seite" formulieren.

Bleiben nur die beiden Würfel auf der hinteren oberen Kante. Nun versuchen wir noch, alle Würfel jeweils gegenüber zu platzieren. Wir beginnen wieder unten, einmal links vorn und einmal rechts hinten. Da keine Würfel nebeneinander liegen sollen, sind damit auch die oberen Ecken links vorn und rechts hinten blockiert. Bleiben die beiden Ecken rechts vorn und links hinten.

Damit ergeben sich insgesamt sechs verschiedene Anordnungen von vier Einheitswürfeln innerhalb des $2 \times 2 \times 2$-Volumens. Die folgende Abbildung zeigt sie alle.

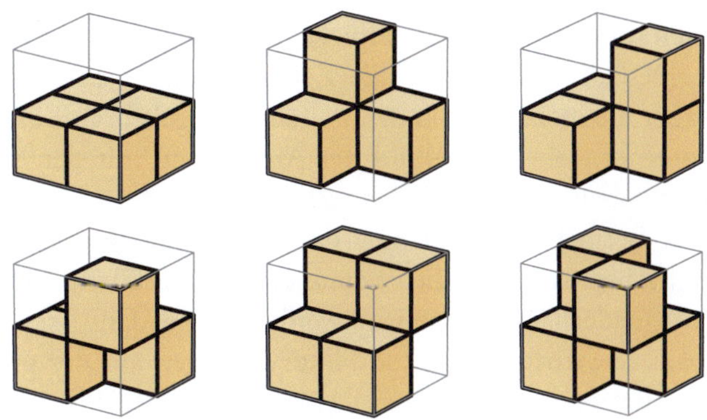

Nun können wir auch die Achsen suchen, um die eine Drehung um 180° jeweils alle vier Einheitswürfel mit den freien Stellen vertauscht. Bei der Platte sind das offensichtlich vier Achsen, beim Dreibein drei und bei der rechten Hand zwei. Bitte nachprüfen! Die anderen drei Körper sind keine Bausteine des Herzberger Quaders, was uns aber nicht davon abhalten sollte, die entsprechenden Drehachsen zu suchen. Vielleicht existieren auch noch Drehungen um andere Winkel als 180°?

Quader $3 \times 2 \times 2$

Kehren wir zum Herzberger Quader zurück und versuchen wir uns am nächsten Teilquader $3 \times 2 \times 2$. Für diesen Körper benötigen wir zwölf Einheitswürfel, also rein rechnerisch drei der Tetrawürfel oder aber einen Tetrawürfel, die beiden Triwürfel und den Biwürfel. Die Stange scheidet in beiden Fällen aus, da sie zu lang ist.

Bleiben für den ersten Fall sieben Bausteine. Wer sich mit Kombinatorik auskennt weiß nun, dass es für die Auswahl von drei aus sieben insgesamt

35 Möglichkeiten gibt. Trotzdem ist es nicht schlecht, dafür eine Tabelle zu zeichnen, die wir hier nur kurz beschreiben wollen. In den sieben Spalten mit den Abkürzungen P H T A L D R füllt man die Zeilen mit jeweils drei Kreuzchen in verschiedenen Spalten, am besten planmäßig von links nach rechts. Das bedeutet, in der ersten Zeile setzt man alle Kreuzchen links in die Spalten P H T, in den weiteren das rechte jeweils eins weiter rechts bis zu P H R. Dann wird das zweite Kreuzchen eins nach rechts gerückt, das dritte gleich wieder daneben in P T A. Weiter geht es mit dem rechten Kreuzchen bis P T R. Wenn man so weitermacht, kommt man schließlich bei L D R an. Und wenn das dann nicht 35 Zeilen sind, hat man sich irgendwo vertan.

In der Tabelle wurde aber noch überhaupt keine Geometrie berücksichtigt. Wir wissen doch bereits, dass gespiegelte Anordnungen keine neuen Lösungen sind. Deshalb können wir alle Zeilen streichen, in denen die linke Hand fehlt, aber die rechte vorhanden ist (oder umgekehrt). Eine solche Anordnung könnte nur ein Spiegelbild der Anordnung mit der linken Hand ergeben. Schon haben wir zehn Zeilen weniger.

Bei weiterer Betrachtung fällt auf, dass die Platte nur verbaut werden kann, wenn gleichzeitig der Haken benutzt wird. Die Platte kann nicht auf der kleineren Quaderfläche eingebaut werden, denn dann ist der Rest der unlösbare $2 \times 2 \times 2$-Würfel. Wird die Platte hingegen auf der größeren Fläche eingebaut, belegt sie zwei Würfel einer der beiden kleineren Flächen. Daneben wird nun ein flacher Baustein benötigt, der die beiden anderen Würfel dieser Fläche belegt. Das kann nur der Haken leisten. Mit dieser Erkenntnis verschwinden weitere sieben Zeilen der Tabelle.

Wer jetzt richtig gut drauf ist, erkennt, dass das Auto und das Dreibein immer zusammen auftreten, mit einem der beiden allein kann das Zusammenbauen nicht gelingen. Damit können wir weitere zehn Zeilen der Tabelle streichen. Die Erklärung für dieses Phänomen kennen wir bereits, man darf es aber ruhig in Kapitel 6 noch einmal nachlesen.

Es bleiben also gerade einmal acht Zeilen mit möglichen Auswahlen der Bausteine, das kann man nun schnell mal durchprobieren.

Kommen wir zum zweiten Fall, bei dem wir immer die beiden Triwürfel und den Biwürfel sowie einen der sechs möglichen Tetrawürfel verwenden. Wer hat aufgepasst, warum eigentlich sechs? Das sind zwar gleich zwei Kombinationen weniger als mit den drei Tetrawürfeln, aber aufgrund der kleineren und weniger „verwinkelten" Bausteine gibt es trotzdem mehr Lösungen. Damit man dabei nicht mit zu viel Drehungen zu tun hat, legt man sich den geraden Dreier immer an dieselbe Stelle, also zum Beispiel unten hinten. Der Rest ist wieder ein bisschen Fleiß.

Am Ende erhält man für den $3 \times 2 \times 2$-Quader insgesamt zwölf Lösungen. Wer ganz aufmerksam ist wird bemerken, dass außer der Stange noch ein weiterer unserer elf Bausteine in diesem Körper niemals Platz findet.

Würfel $3 \times 3 \times 3$

Für den Würfel $3 \times 3 \times 3$ benötigen wir insgesamt 27 Einheitswürfel, also muss die Anzahl der Bausteine mit einer ungeraden Zahl von Einheitswürfeln selbst ungerade sein. Da uns nur zwei solcher Bausteine zur Verfügung stehen, nämlich die beiden Triwürfel, benötigen wir genau einen davon. Für die restlichen 24 Einheitswürfel stehen uns sieben Tetrawürfel zur Verfügung, da die Stange nicht in den Würfel hineinpasst und wir mit dem Zweier niemals die durch vier teilbare Zahl 24 erreichen. Von diesen insgesamt neun Bausteinen legen wir jeweils einen Triwürfel und einen Tetrawürfel zur Seite und bauen mit den verbleibenden den Würfel zusammen.

Die möglichen Zusammenstellungen von Bausteinen für unseren Würfel können wir genauso wie im vorigen Abschnitt in einer Tabelle veranschaulichen. Diesmal geben wir diese Tabelle auch gleich an:

	Ⅲ	3	P	H	T	A	L	D	R
1	×		×	×	×	×	×	×	
2		×	×	×	×	×	×	×	
3	×		×	×	×	×	×		×
4		×	×	×	×	×	×		×
5	×		×	×	×	×		×	×
6		×	×	×	×	×		×	×
7	×		×	×	×		×	×	×
8		×	×	×	×		×	×	×
9	×		×	×		×	×	×	×
10		×	×	×		×	×	×	×
11	×		×		×	×	×	×	×
12		×	×		×	×	×	×	×
13	×			×	×	×	×	×	×
14		×		×	×	×	×	×	×

Die Zeilen 5 und 6 unterscheiden sich von den Zeilen 1 und 2 nur in rechter und linker Hand, sodass sie beim Zusammensetzen die jeweils gespiegelten

Lösungen der anderen ergeben. Die Zusammenstellung der letzten Zeile, also ohne geraden Dreier und ohne Platte, ist der Soma-Würfel, der bereits 1933 von Piet Hein erfunden wurde und in Kapitel 12 näher betrachtet wird.

Nun sollten wir jede der 14 Auswahlen einmal zusammenbauen. Bei der Zeile 7 können wir uns jedoch lange mühen, ohne eine Lösung zu finden. Es scheint, dass es für diese Zusammenstellung keine Möglichkeit gibt, einen $3 \times 3 \times 3$-Würfel zusammenzusetzen. Sicher können wir uns aber erst sein, wenn es uns gelungen ist, einen Beweis dafür aufzuzeigen. Zu diesem Zweck nutzen wir zwei Erkenntnisse aus den vorangegangenen Kapiteln.

Zunächst betrachten wir die Parität. Wenn die Ecken unseres Würfels schwarz sind, benötigen wir für den Zusammenbau 14 schwarze und 13 weiße Einheitswürfel. In der Summe liefern Platte, Haken, Treppe, linke und rechte Hand zusammen je zehn schwarze und zehn weiße Einheitswürfel. Deshalb muss das Dreibein so zu liegen kommen, dass es drei schwarze und einen weißen Einheitswürfel beisteuert, der Dreier dagegen nur einen schwarzen und zwei weiße.

Im zweiten Schritt betrachten wir die Ecken des Würfels, genauer gesagt die Möglichkeit, welcher Baustein dort platziert werden kann. Der gerade Dreier kann zum Beispiel eine Ecke beisteuern, dann liegt aber sein anderes Ende ebenfalls in einer Ecke. Oder der Dreier liegt so, dass er gar keine Ecke belegt. Ähnlich verhält es sich mit dem Haken, er kann jedoch als dritte Möglichkeit auch noch genau eine Ecke belegen. Die Treppe schafft es maximal auf eine Ecke, und die kleineren Bausteine sowieso. Maximal hätten wir also mit unseren sieben Bausteinen neun Ecken, und damit genügend zur Verfügung.

Aber halt, die Ecken sind alle schwarz, die beiden Enden des Dreiers aber weiß! Damit scheidet der Dreier als Eckenlieferant komplett aus, und mit den verbleibenden sieben Ecken können wir den Würfel garantiert nicht zusammensetzen.

Damit haben wir bewiesen, dass die Zusammenstellung aus Zeile 7 tatsächlich keine Lösung besitzt.

Weitere Quader

Für die weiteren Quader gibt es tendenziell immer mehr Lösungen, je größer und kompakter erstere sind. Die Spitze bildet der Herzberger Quader selbst. Eine Ausnahme davon ist nur der Würfel $3 \times 3 \times 3$, der einzige Quader mit einer ungeraden Anzahl von Einheitswürfeln.

8

Aufgaben

Verdoppelte Bausteine

Als Einführung in die Aufgaben nutzen wir hier zunächst diejenigen Körper, die „verdoppelte" Bausteine des Herzberger Quaders sind. Die Verdoppelung der Größe findet dabei in allen drei Dimensionen statt, sodass zum Beispiel unser verdoppeltes Auto so aussieht:

Die vier quaderförmigen Bausteine wurden bereits im vorangegangenen Kapitel betrachtet, sodass hier noch sieben als Aufgaben übrig bleiben.

Die größten Bausteine sind die Tetrawürfel, verdoppelt bestehen diese also aus 32 Einheitswürfeln. Da wir nur 32 Einheitswürfel benötigen, können wir das demzufolge allein mit unseren acht Tetrawürfeln (also ohne Bi- und Triwürfel) versuchen. Jeder dieser Körper hat genügend Lösungen, um schnell genug eine davon finden zu können.

Als Kuriosität kann man anführen, dass der verdoppelte Einheitswürfel, also der Würfel $2 \times 2 \times 2$, durchaus Lösungen hätte, wenn wir auch einen einzelnen Einheitswürfel als Baustein zulassen würden. Allerdings wäre dies dann nicht mehr der Herzberger Quader, und wir könnten mithilfe des einzelnen Einheitswürfels den Biwürfel zu einem Doppelgänger eines der beiden Triwürfel oder einen der Triwürfel zu einem Doppelgänger jedes Tetrawürfels machen. Vermutlich ginge dabei der gesamte Reiz des Herzberger Quaders verloren, da es bei diesem gerade unmöglich ist, einen Baustein durch eine Kombination von anderen zu ersetzen.

Pentawürfel

Pentawürfel gehören streng genommen nicht zum Herzberger Quader, schon deshalb werden wir das hier nicht weiter vertiefen. Für Interessierte ergeben sich jedoch einige schöne Aufgaben.

Es gibt insgesamt 29 Pentawürfel, davon zwölf flache (Pentominos) und 17 tatsächlich dreidimensionale, letztere als fünf spiegelsymmetrische und sechs Paare chiraler.

Um sich deren Geometrie vorzustellen, könnte man zunächst jeden von ihnen aus unserem Zweier und einem Dreier zusammensetzen. Das klappt bis auf zwei der Pentawürfel auch tatsächlich. Diese beiden dagegen besitzen eine Eigenschaft, die das verhindert. Welche ist das?

Da wir insgesamt 40 Einheitswürfel zur Verfügung haben, können wir natürlich auch verdoppelte Pentawürfel zusammensetzen.

Beim Zusammensetzen der Pentawürfel (egal ob der echten oder der verdoppelten) kommen wir bei einem Paar der chiralen um die Berücksichtigung der Physik nicht herum, wie wir in Kap. 10 noch sehen werden. Das bedeutet aber nicht, dass es keine stabilen Lösungen gibt.

Schöne Körper

Als der Herzberger Quader geschaffen wurde, sollte neben der Mathematik natürlich auch der spielerische Aspekt nicht zu kurz kommen. Deshalb gab es schon von Anfang an Vorschläge für Körper, die durch ihre Form bestimmte Assoziationen hervorrufen. In den seitdem vergangenen Jahren sind weitere hinzugekommen, hier kommt eine Auswahl.

Die Aufgabe besteht zunächst immer darin, den Körper aus allen elf Bausteinen zusammenzusetzen, also mindestens eine Lösung zu finden. Falls man überhaupt keine Lösung finden kann, könnte es sein, dass gar keine existiert. Es wäre dann schön, wenn man das beweisen könnte. Jede gefundene Lösung sollte schichtweise dokumentiert werden.

Neben dem Zusammensetzen sind viele andere Aufgabenstellungen denkbar. Es kann überprüft werden, ob der Körper wirklich 40 Einheitswürfel groß ist. Welche Projektion wurde verwendet? Man darf auch eine eigene Skizze anfertigen und dafür eine andere Projektionsart benutzen. Letzteres ist vor allem dann zu empfehlen, wenn die Aufgabenstellung den Grundriss mit Höhenangaben verwendet oder nur mit Worten formuliert ist. Welche Assoziationen weckt der Körper, welches Bauwerk oder Lebewesen könnte dargestellt sein?

Falls der Körper spiegelsymmetrisch ist, könnte man die gefundene Lösung nutzen, um den Körper mit der gespiegelten Lösung zusammenzusetzen. Lässt sich der Körper in zwei spiegelsymmetrische Hälften zerlegen, sollte man versuchen, beide Hälften getrennt und natürlich gleichzeitig zusammenzusetzen.

Zur besseren Übersicht sind die Aufgaben fortlaufend nummeriert. Sollte in einer Projektion die Rückseite nicht komplett einsehbar sein, so kann davon ausgegangen werden, dass es dort keine Überraschungen gibt, der Körper also symmetrisch aufgebaut ist.

Aufgabe 1

Aufgabe 2
Ein quadratischer Turm mit der Höhe 6 steht mittig auf einer ebenfalls quadratischen, aber größeren Platte.

Aufgabe 3

Aufgabe 4

Aufgabe 5

Aufgabe 6

Aufgabe 7

Aufgabe 8

Aufgabe 9

6	2	2	6
2	2	2	2
2	2	2	2
2	2	2	2

Aufgabe 10

Aufgabe 11

Aufgabe 12
Der Körper hat einen Grundriss von 4×4 und eine Höhe von 2. Darauf befindet sich in der Mitte ein quadratischer Aufbau.

Aufgabe 13

Aufgabe 14

Aufgabe 15

Aufgabe 16

Aufgabe 17

Aufgabe 18

Aufgabe 19

Aufgabe 20

Aufgabe 21

Aufgabe 22

	2	2			
2	3	3	2	2	4
2	3	3	2	2	4
	2	2			

Aufgabe 23

4	2	2	4
2	2	2	2
2	2	2	2
4	2	2	4

Aufgabe 24

Aufgabe 25

Aufgabe 26

Aufgabe 27

Aufgabe 28

Aufgabe 29

Aufgabe 30
Ein quadratischer Turm mit der Höhe 5 hat mittig einen durchgehenden vertikalen Hohlraum.

Aufgabe 31

Aufgabe 32

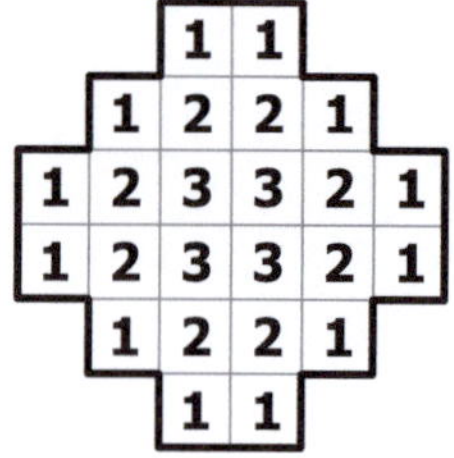

Aufgabe 33

Aufgabe 34

Aufgabe 35

Ab hier nun kann jeder selbst einige Körper entwerfen und dann versuchen, diese auch zusammenzubauen. Dafür lassen wir ganz bewusst einige Nummern frei, bevor es in Kapitel 10 mit den Aufgaben weitergeht.

9

Zerlegung in Teilquader

Für den Herzberger Quader gibt es insgesamt 4 441 090 verschiedene Lösungen. Darunter sind sicherlich einige, die aus zwei oder mehr Teilquadern bestehen, die richtig zusammengesetzt den Herzberger Quader ergeben. Genau um diese Zerlegungen des Herzberger Quaders in Teilquader soll es hier gehen. Unberücksichtigt bleiben Teilquader, die nur aus einem einzigen Baustein bestehen.

Wir werden dafür den Herzberger Quader in Gedanken zerschneiden. Ein Schnitt parallel zur größten Fläche produziert zwei einlagige Quader $5 \times 4 \times 1$, und diese können auf keinen Fall unsere drei dreidimensionalen Bausteine Dreibein, rechte und linke Hand enthalten. In den beiden anderen Schnittrichtungen dagegen können und wollen wir zunächst eine einlagige Schicht abtrennen. Dabei entstehen aus dem gesamten Quader jeweils zwei Teilquader.

Auch weitere Trennungen sind möglich, diese werden wir nun im Einzelnen untersuchen.

R. Gutsche, *Der Herzberger Quader,* https://doi.org/10.1007/978-3-662-71560-4_9

Die beiden einschichtigen Teilquader enthalten je zehn Einheitswürfel, und wenn wir für den ersten eine Zusammenstellung von zwei flachen Tetrawürfeln und dem Zweier wählen, so bleibt für den zweiten eine Zusammenstellung von einem Tetrawürfel und den beiden Dreiern übrig. Beide sind gleichzeitig realisierbar, was jeder selbst überprüfen kann.

Für den Restquader $5 \times 2 \times 2$ verbleiben die Bausteine Auto, Treppe und die drei dreidimensionalen Tetrawürfel Dreibein, rechte und linke Hand. Mit diesen ist der Quader $5 \times 2 \times 2$ jedoch nicht zusammenzusetzen. Um dies zu beweisen, stellen wir uns den gewünschten Quader als Turm mit dem Grundriss 2×2 vor.

Ganz unten benötigen wir zunächst vier Einheitswürfel. Unsere Bausteine könnten davon $3 + 1$ oder auch $2 + 2$ liefern (mehr als zwei Bausteine sind offensichtlich unmöglich). Aber für $2 + 2$ in der ersten Schicht kommen nur die beiden Hände infrage, diese passen aber nicht zusammen (sonst hätten wir den $2 \times 2 \times 2$ Würfel).

Eine Aufteilung $3 + 1$ ist nur mit einem der dreidimensionalen Bausteine und zusätzlich Auto oder Treppe möglich. Daraus folgt unmittelbar, dass in der zweiten Schicht drei Einheitswürfel belegt sind (die Mitte von Auto oder Treppe und der vierte Einheitswürfel des untersten Bausteins) sowie in der dritten Schicht ein Einheitswürfel (der vierte von Auto oder Treppe).

Wir stehen also wieder vor der gleichen Situation wie ganz unten im Turm, wo ein einziger Einheitswürfel frei war, nur diesmal eine Schicht höher. Wenn wir hier einen der beiden verbleibenden dreidimensionalen Bausteine einsetzen, ist der Turm zunächst zu Ende. Dann müssten wir nur noch einen Würfel $2 \times 2 \times 2$ daraufsetzen, und den zu erzeugen ist bekanntermaßen unmöglich. Also nehmen wir den verbleibenden flachen Tetrawürfel.

Mit diesem kommen wir aber wieder in die gleiche Situation. Nun verbleiben uns ausschließlich zwei der dreidimensionalen Bausteine, und jeder davon (falls er überhaupt hineinpasst) schließt unseren Turm ab.

Eine Zerlegung des Herzberger Quaders in zwei flache $5\times2\times1$ und einen $5\times2\times2$ ist also tatsächlich unmöglich.

Zerteilen wir also den Restquader $5\times3\times2$ in der anderen Richtung.

Eine weitere Teilung des Restquaders $4\times3\times2$ ist mit den verbleibenden Bausteinen (welche sind das überhaupt?) nicht möglich, den Beweis dafür darf jeder selbst finden, er ist dem vorhergehenden nicht unähnlich. Die gezeigte Teilung dagegen ist auf verschiedene Weise lösbar, was jeder gern ausprobieren kann.

Auch die folgende Teilung kann auf mehrere Arten gelöst werden.

Wenn wir unsere erste Teilung (siehe oben) von der anderen Richtung beginnen, hat der abgetrennte Teilquader die Größe $4\times2\times1$ und damit nur eine Lösung, nämlich die aus dem Zweier und den beiden Dreiern. Vom verbleibenden Restquader $4\times4\times2$ können wir keinen einschichtigen Quader mehr abtrennen, da auch dieser für eine Lösung dieselben drei Bausteine benötigen würde, weshalb als einzige weitere Trennmöglichkeit die durch die Mitte verbleibt.

Das gleichzeitige Zusammensetzen zweier Quader $4\times2\times2$ unter Verwendung der acht Tetrawürfel kann jeder mal durchprobieren. Es gibt nur fünf Lösungen dafür. Lösungen sind dabei als unterschiedlich zu betrachten, wenn sie sich in mindestens einer Lösung eines Teilquaders unterscheiden. Das Vertauschen der beiden Teilquader untereinander ist selbstverständlich dieselbe Lösung. Und noch ein Hinweis ist wichtig (siehe weiter unten): In allen fünf Lösungen befinden sich rechte und linke Hand in verschiedenen Teilquadern.

Nun setzen wir in Gedanken aus den drei Teilquadern den Herzberger Quader zusammen. Wie viele Lösungen für den Herzberger Quader als Ganzes können wir erzeugen, wenn wir die Teilquader auf verschiedene Art und Weise zum Herzberger Quader zusammensetzen und dabei auch noch die verschiedenen Lösungen der Teilquader mit all ihren möglichen Drehungen und Spiegelungen berücksichtigen?

Zunächst suchen wir die möglichen Zusammensetzungen nur der äußeren Form nach, also noch ohne Berücksichtigung der Lage der einzelnen Bausteine in den Teilquadern. Offensichtlich können wir außer der obigen Anordnung, bei der sich der einschichtige Quader neben den beiden anderen befindet, ebenfalls einen Quader $5\times4\times2$ erzeugen, wenn wir den einschichtigen Teilquader zwischen die beiden anderen stellen. Und eine dritte Möglichkeit besteht darin, den einschichtigen an der Stirnseite der beiden anderen anzuordnen.

Um alle Drehungen und Spiegelungen des Herzberger Quaders als Ganzes auszuschließen, lassen wir den einschichtigen und damit ohnehin spiegelsymmetrischen Quader fixiert. Die beiden anderen können völlig frei gedreht werden. So entstehen garantiert immer wieder andere Lösungen des Herzberger Quaders.

Jeder der beiden frei beweglichen Quader hat einen quadratischen Querschnitt und damit acht Möglichkeiten, seine Lage zu verändern: zunächst vier durch Drehung um seine Längsachse, und dann das Ganze noch einmal, wenn man zuvor die beiden Enden vertauscht.

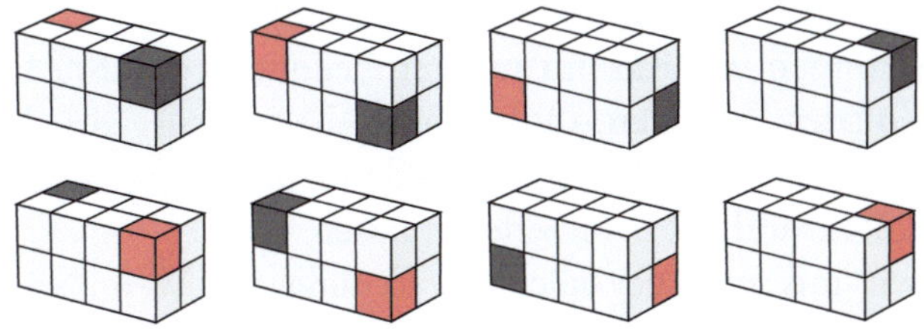

Bei den Spiegelungen müssen wir aufpassen. Spiegelungen von Körpern, die genau einen der beiden chiralen Hand-Bausteine enthalten, sind nur möglich, wenn wir den Hand-Baustein durch den anderen ersetzen. Dann müssen wir in unserem Fall aber auch gleichzeitig den anderen Körper spiegeln, damit die beiden Hand-Bausteine gegenseitig die Plätze tauschen können. Wir können also nur zusammen eine gemeinsame Spiegelung für die beiden Teilquader durchführen. Damit ergibt sich für die beiden $4 \times 2 \times 2$ Teilquader eine Anzahl von $8 \cdot 8 \cdot 2 = 128$ verschiedenen Anordnungen gegenüber dem fixierten $4 \times 2 \times 1$ Teilquader.

Der letzte Schritt besteht darin, die beiden Teilquader zu unterscheiden, da wir sie auch gegeneinander austauschen können. Wir nutzen für die Unterscheidung irgendeinen geeigneten Baustein, besonders anschaulich ist in der Regel das Dreibein.

Nun können wir endlich unsere Anordnungen untersuchen. Wenn, wie oben gezeigt, der einschichtige Quader parallel zu den beiden anderen liegt, existieren drei verschiedene Anordnungen, die sich durch den Quader in der Mitte unterscheiden.

Für jede dieser drei Anordnungen gibt es $5 \cdot 128 = 640$ Lösungen.

Wenn der einschichtige Quader an der Stirnseite liegt, existieren zwei verschiedene Anordnungen, die sich in der Lage des Dreibeins zum (als Beispiel) abgewinkelten Dreier unterscheiden.

Auch hier gibt es für jede Anordnung 640 Lösungen.

Insgesamt können wir also mit unseren Teilquadern 3 200 Lösungen des Herzberger Quaders erzeugen. Oder, anders herum ausgedrückt, 3 200 der 4 441 090 Lösungen sind solche, die sich in drei Teilquader der Größen $4\times2\times2$, $4\times2\times2$ und $4\times2\times1$ zerlegen lassen.

Wenden wir uns nun der nächsten Teilung zu. Wenn wir den ersten Schnitt durch den Herzberger Quader so ausführen, dass keine einschichtigen Quader entstehen, so gibt es auch dafür zwei Möglichkeiten.

Links ist keine weitere Teilung möglich, für den Zusammenbau existiert eine große Anzahl von Lösungen. Im rechten Fall können wir auf zwei verschiedene Weisen weiter unterteilen. Die erste erzeugt wieder einen einschichtigen Quader, die Lösungen der drei Teilquader darf man selbst finden.

Die zweite teilt in drei mehrschichtige Quader. Diese Teilung wollen wir deshalb genauer untersuchen.

Alle drei Teilquader haben als Querschnitt ein Quadrat 2×2, was uns die Lösungsfindung vereinfacht. Denn da die Anzahl der Einheitswürfel überall durch vier teilbar sein muss, so können die drei kleinen Bausteine Zweier, gerader und abgewinkelter Dreier immer nur zusammen in einem Teilquader verwendet werden. Weiterhin hat die Stange nur im größeren Teilquader Platz.

Die dritte Hilfestellung gibt uns die Parität, also eine gedankliche Schwarz-Weiß-Färbung wie in Kapitel 6 erläutert. In jedem Teilquader benötigen wir die gleiche Anzahl von schwarzen und weißen Einheitswürfeln. Die beiden Dreier sind bereits in einem Teilquader vereint, aber Auto und Dreibein müssen es folglich auch sein. Denn nur so kann sich die Überzahl von Einheitswürfeln einer Farbe mit der jeweiligen Überzahl von Einheitswürfeln der anderen Farbe ausgleichen.

Nun können wir feststellen, dass die Aufgabe schon deutlich übersichtlicher geworden ist. Wir haben nur noch auf drei Quader jeweils zwölf Einheitswürfel zu verteilen (die Stange belegt bereits vier im größeren Teilquader), und davon werden acht zusammenhängend von Zweier, geradem und abgewinkeltem Dreier gebildet, genauso acht gemeinsam von Auto und Dreibein. Dass die Treppe in keinen der kleineren Quader passt, hatten wir bereits in Kapitel 7 bemerkt. Dafür würden wir nämlich zwei identische Bausteine benötigen. Der Rest ist schnell erledigt:

Stange, Treppe und Auto passen nicht zusammen in den $4 \times 2 \times 2$-Quader, an jedem Ende bleiben zwei Einheitswürfel frei. Damit ist einer der Quader $3 \times 2 \times 2$ schon bekannt, er enthält Auto, Dreibein und eine Hand. Dafür gibt es auch nur eine einzige Anordnung.

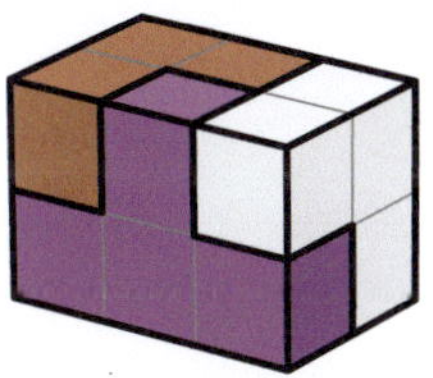

Stange, Treppe und Platte passen ebenfalls nicht zusammen in den $4 \times 2 \times 2$-Quader. Neben der Platte bleibt am Ende des Quaders ein einziger Einheitswürfel übrig, dieser kann in keinem Fall gefüllt werden.

Wenn wir neben der Stange und der Treppe den Zweier zusammen mit den beiden Dreiern platzieren, gibt es dafür nur eine einzige Lösung. Die verbleibenden Bausteine Haken und andere Hand müssen mit der Platte im zweiten $3 \times 2 \times 2$-Quader angeordnet werden, auch dafür gibt es nur eine einzige Lösung.

Die andere Möglichkeit ist die Zusammensetzung von Platte, Zweier und den beiden Dreiern. Auch hier existiert nur eine einzige Lösung. Dasselbe gilt für Stange, Treppe, Haken und Hand.

Im Ergebnis sehen wir, dass die Aufteilung unserer elf Bausteine in einen Teilquader $4 \times 2 \times 2$ und zwei Teilquader $3 \times 2 \times 2$ genau zwei Lösungen besitzt.

Dazu stellt sich natürlich wieder die Frage, wie viele Lösungen des Herzberger Quaders als Ganzes wir mit diesen drei Teilquadern erzeugen können. Der Lösungsweg wurde bereits weiter oben beschrieben, die Lösung darf jeder selbst herausfinden.

10

Hohlräume und Überhänge

Bisher haben wir uns ganz bewusst nur mit Körpern beschäftigt, die wir nicht nur aus unseren elf Bausteinen, sondern genauso gut auch aus 40 einzelnen Einheitswürfeln hätten zusammensetzen können. Was passiert jedoch, wenn unser Körper Hohlräume oder Überhänge[1] hat? Dann können wir ihn zunächst nicht mehr durch einen Grundriss mit der eingetragenen Anzahl der auf ihm liegenden Einheitswürfel definieren. Als Beispiel wählen wir eine Art Kiste.

3	3	3	3
3	1	1	3
3	1	1	3
3	3	3	3

Eine mögliche Lösung der Kiste geben wir auch gleich mit an.

---

[1] Das Wort Überhang hat verschiedene Bedeutungen, für uns sind das diejenigen Teile des Körpers, die aus einer vertikalen Fläche herausragen, ohne darunter eine mechanische Unterstützung zu haben.

R. Gutsche, *Der Herzberger Quader*, https://doi.org/10.1007/978-3-662-71560-4_10

S	I	I	I
S			3
S			L
S	H	L	L

R	A	A	A
R			3
T			3
T	H	L	D

R	R	A	2
T	P	P	2
T	P	P	D
H	H	D	D

Da ein einziger Blick von oben nicht anschaulich genug ist, zeigen wir die Kiste sowohl von vorn als auch von hinten.

In der Mathematik hat die Wahl des Koordinatensystems keinen Einfluss auf die Eigenschaft unserer Körper. Aber in der realen Welt haben wir es mit der Gravitation zu tun, und da ist es schon wichtig, wo oben und unten ist. Und deshalb kommen wir um einen kleinen Ausflug in die Physik nicht herum.

Zunächst haben unsere Einheitswürfel neben ihrer geometrischen Form auch eine Masse, die von der Erde angezogen wird und als Gewichtskraft in Erscheinung tritt. Der Einfachheit halber fordern wir, dass der Massenmittelpunkt jedes Einheitswürfels in seiner Mitte, also dem geometrischen

Schwerpunkt liegt. In der Praxis kann jeder Würfel dazu aus einem homogenen Material bestehen, es sind aber auch zum Beispiel Hohlwürfel denkbar, die diese Eigenschaft besitzen. Solange wir die Körper nicht kippen oder in permanente Rotation versetzen, bemerken wir zwischen den beiden keinerlei Unterschied.

Als zweite Bedingung sei die Reibung zwischen den Bausteinen untereinander und auch auf der horizontalen Tischplatte vernachlässigbar gering. In der Praxis ist die Reibung nicht zu vermeiden. Deshalb kann ein Körper, für den wir nachweisen können, dass er aufgrund der Schwerkraft nicht hält, in der Realität trotzdem zusammenbaubar sein.

Der Autor hatte zum Beispiel keine Schwierigkeiten, die folgenden Körper aufzubauen, obwohl diese ohne Reibung sofort zusammenfallen würden. Die Bausteine waren wie üblich aus Holz gefertigt. Mit Bausteinen aus poliertem Edelstahl, der natürlich nicht magnetisch sein darf, hätte das garantiert nicht funktioniert.

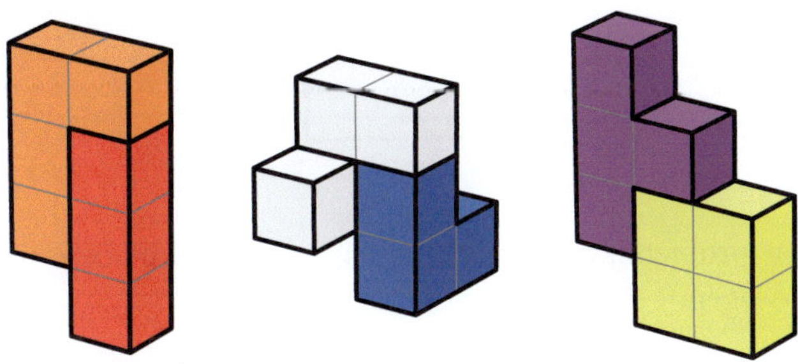

Weiterhin sind die Bausteine weder durch ihre eigene Masse noch die der anderen Bausteine verformbar, eine Bedingung, die in unserer Praxis mit hoher Genauigkeit erfüllt wird.

Mit diesen Bedingungen befinden wir uns fachlich in der *Statik starrer Körper*, einem Teilgebiet der Mechanik. Dort können wir bestimmen, ob sich ein ruhendes mechanisches System im Gleichgewicht befindet oder nicht. Wenn sich unser Körper im Gleichgewicht befindet und dieses Gleichgewicht nicht labil ist, so wollen wir den Körper *stabil* nennen.

Das klang vielleicht gerade etwas schwierig. Wer sich nicht sicher ist, alles verstanden zu haben, der sollte trotzdem weiterlesen. Denn vieles ist auch im Alltag ganz logisch, ohne dass man immer die Hintergründe versteht.

Wenn wir die Kiste auf der Seite liegend zusammenbauen sollen, ändert sich zunächst unsere Aufgabenstellung. Die Möglichkeit, in den Grundriss einfach die jeweilige Höhe einzutragen, funktioniert nicht mehr. Wir benötigen jede Schicht und dazu auch noch einen Bezugspunkt, der die Lage der Schichten zueinander angibt. Diesen Bezugspunkt kann man sich als Z-Achse vorstellen, die beiden Koordinaten X und Y sind dort jeweils null.

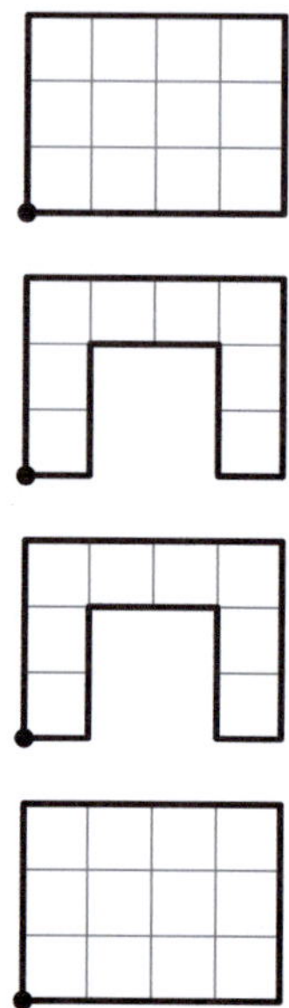

Als Lösungen probieren wir die obige Kiste, wenn wir diese nacheinander auf jede Seite legen.

Für diese beiden Lagen ist wohl ganz offensichtlich, dass das nicht halten kann. Links fällt der gerade Dreier herunter, rechts der abgewinkelte. Ein wenig schwieriger werden die anderen beiden Lagen.

Links könnte der Haken herunterfallen. Die linke Hand macht auch keinen sonderlich stabilen Eindruck. Rechts dagegen sieht alles richtig solide aus, besonders die Stange liegt ideal. Von der Treppe und der rechten Hand hängt jeweils nur einer der vier Einheitswürfel „in der Luft", das sollte also auch halten.

Diese erste Einschätzung wird sich später als richtig erweisen. Trotzdem konnte der Autor die linke Kiste aufbauen, obwohl der Haken theoretisch hätte herausfallen müssen. Der Grund dafür war die Beschaffenheit der Bausteine aus Holz mit ziemlich rauer Oberfläche. Das tatsächliche Aufbauen hilft also nicht bei der Bestimmung, ob der Körper stabil ist oder nicht. Hochwertig gearbeitete Bausteine tendieren zum Vorgaukeln nicht vorhandener Stabilität, wohingegen zusammenbrechende Konstruktionen fast sicher auf Instabilität hindeuten. Stabil nach obiger Definition ist unsere Kiste also nur in der letzten gezeigten Lage. Wie sieht es eigentlich mit der Stabilität aus, wenn wir die Kiste mit dem Loch nach unten aufstellen?

Für die weiteren Betrachtungen benötigen wir zunächst die Massenmittelpunkte unserer Bausteine. Diese bestimmen wir mithilfe von *Vektoren*, die wir uns einfach als Pfeile vorstellen können. Eine Addition von Vektoren reiht diese Pfeile aneinander, eine Multiplikation beziehungsweise Division ändert nur die Länge des Pfeils und behält die Richtung bei.

Für zusammengesetzte Objekte können wir den gemeinsamen Schwerpunkt bestimmen, indem wir zunächst Vektoren von einem beliebigen gemeinsamen Ursprung auf die Schwerpunkte zeigen lassen. Der gemeinsame Massenmittelpunkt ergibt sich dann aus der Summe der mit den jeweiligen Massen multiplizierten Vektoren, dividiert durch die Summe aller Massen.

Da alle unsere Einheitswürfel die gleiche Masse besitzen, können wir diese überall mit eins ansetzen. Für den Haken ergibt sich somit die folgende grafische Berechnung.

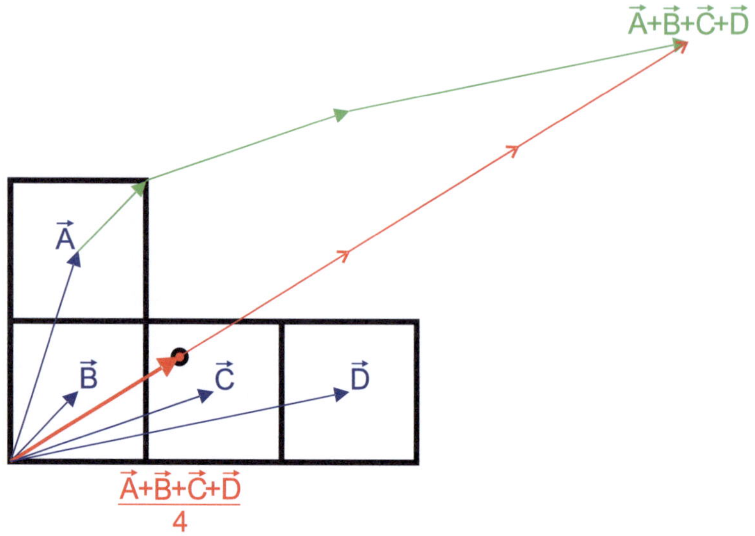

Diese zweidimensionale Betrachtung ist für die flachen Bausteine ausreichend, da in der dritten Dimension die Massenmittelpunkte selbstverständlich in der Mitte liegen.

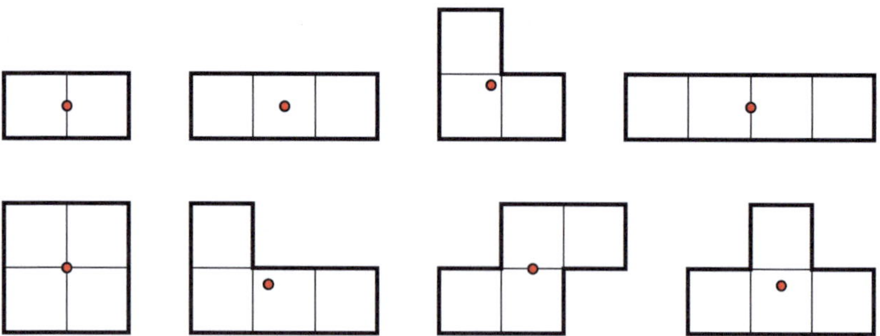

Aufgrund der Symmetrie des Dreibeins befindet sich dessen Massenmittelpunkt aus allen Blickrichtungen an der gleichen Stelle. Die gleiche Ansicht erhalten wir auch für die beiden Hand-Bausteine, wenn wir von derjenigen Seite blicken, von der uns zwei Einheitswürfel näher sind als die beiden anderen. Sind uns dagegen nur einer oder aber drei Einheitswürfel zugewandt, so sehen wir den Massenmittelpunkt auf der Verbindungsfläche zwischen den beiden mittleren Einheitswürfeln.

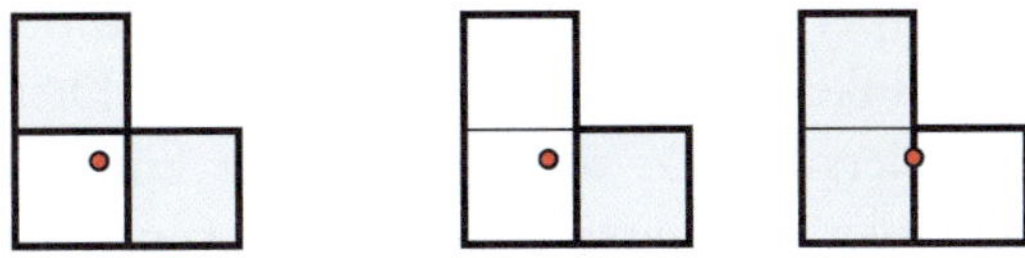

Da wir jegliche Reibung ausschließen, kann es keine seitlich wirkenden Kräfte geben. Das bedeutet, dass ausschließlich die horizontale Lage der Massenmittelpunkte darüber entscheidet, ob der Körper stabil ist oder nicht. Wenn sich der Massenmittelpunkt des obersten Bausteins also über einem anderen Einheitswürfel befindet, so ist dieser Baustein stabil gelagert. Tatsächlich ist diese Regel aber noch viel weitreichender, denn bei mehreren Einheitswürfeln, auf denen der aktuelle Baustein aufliegt, zählt nicht nur die tatsächliche Auflagefläche, sondern die kleinste konvexe Fläche, die alle Teile der realen Auflagefläche enthält. Liegt dagegen der Massenmittelpunkt auf dem Umfang oder sogar außerhalb dieser erweiterten Auflagefläche, so ist der Körper nach unserer obigen Definition nicht stabil.

Ein schönes Beispiel für die erweiterte Auflagefläche ist unsere stabile Kiste. Die Stange liegt an beiden Enden auf, die erweiterte Auflagefläche umfasst den kompletten Grundriss der Stange und damit auch die Stelle mit dem Massenmittelpunkt. Die Treppe ruht auf drei Einheitswürfeln und ihr Massenmittelpunkt liegt auf der Kante eines davon. Trotzdem ist die Lage stabil, da die erweiterte Auflagefläche diese Kante großzügig mit einschließt.

Als nächstes betrachten wir den Baustein unter dem obersten und nehmen zunächst an, dass das nur ein einziger ist, der selbstverständlich stabil oben aufliegt. In diesem Fall zählt für die Stabilität des unteren die Einheit der beiden Bausteine, so als wären sie miteinander verbunden. Dies kann zur Verschiebung des Massenmittelpunkts in der Horizontalen führen und damit zu dem Fall, dass beide zusammen stabil liegen, beim Entfernen des oberen jedoch der untere abstürzt. Die folgenden Beispiele illustrieren das anschaulich.

Für den linken Körper rechnen wir das schnell einmal durch. Als Bezugslinie nutzen wir die linke Seite von Zweier, Platte und Dreier. Der Massenmittelpunkt des Zweiers liegt ½ rechts von dieser Linie, der der Platte 1. Der Massenmittelpunkt der Stange liegt 1 links von dieser Linie. Damit ergibt sich für Zweier und Platte zusammen $(½ \cdot 2 + 1 \cdot 4)/6 = 5/6$, sodass diese Konstruktion stabil auf der Stange steht. Wenn wir die Stange dazunehmen, liegt der gemeinsame Massenmittelpunkt $(½ \cdot 2 + 1 \cdot 4 - 1 \cdot 4)/10 = 1/10$ rechts von unserer Bezugslinie und damit ausreichend über dem Dreier. Der linke Körper ist also tatsächlich stabil.

Der rechte Körper ist ebenfalls stabil. Wer sich ein wenig mit der Statik starrer Körper auskennt, kann das selbst nachrechnen. Die Aufgabe bleibt zweidimensional und damit noch relativ einfach. Der Nachweis, ob ein wirklich dreidimensionaler Körper stabil ist, kann dagegen schon ziemlich kompliziert ausfallen.

Klar ist zudem, was passiert, wenn man beim rechten Körper den Dreier wegnimmt. Diese Fragestellung liegt selbstverständlich außerhalb der Statik starrer Körper, trotzdem darf jeder sich das einmal vorstellen und gegebenenfalls auch in der Praxis überprüfen. Was passiert?

Zunächst stürzt der Haken ab und wackelt dabei an der Stange. Dadurch fällt die sich nur im labilen Gleichgewicht befindende Treppe herunter, als Folge davon auch die nun ebenfalls nur im labilen Gleichgewicht liegende Stange.

Wir kehren zum Herzberger Quader zurück und präzisieren die Terminologie. Weiter oben haben wir definiert, unter welchen Bedingungen ein Körper als stabil gilt. Dabei kann nur eine konkrete Zusammensetzung des Körpers stabil sein. Diese Zusammensetzungen haben wir als Lösungen erhalten, und hier entsteht ein Problem.

Einerseits können wir sagen, dass wir insgesamt soundso viele (mathematische) Lösungen erhalten haben, von denen soundso viele (mechanisch) stabil sind.

Andererseits funktioniert das jedoch ausschließlich, wenn unser Körper keine Symmetrie aufweist, die oben und unten verändern kann. In diesem Fall – und unsere auf der Seite liegende Kiste ist ein schönes Beispiel dafür – kann es einzelne (mathematische) Lösungen geben, die zu mehreren stabilen (mechanischen) Lösungen führen, wie eine andere als die oben verwendete Lösung für die Kiste zeigt.

Zugegeben, solche Körper sind rar, aber für den Fall der Fälle sollte man die Problematik kennen.

Aufgaben

Nach der Betrachtung von Hohlstellen und Überhängen stellen wir eine Anzahl von Körpern vor, bei denen nicht alle mathematischen Lösungen mechanisch stabil sind. Die Komplexität hält sich dabei in Grenzen, sodass der Nachweis der Stabilität kein Studium in technischer Mechanik voraussetzt.

Die jeweilige Aufgabenstellung ist im Prinzip die gleiche wie in Kapitel 8, nur dass diesmal auch auf die Stabilität der Lösung geachtet werden muss. Die dortigen Anregungen für weitergehende Aufgabenstellungen können ebenfalls übernommen werden.

Einige Körper zeigen wir als Projektion, schwierigere jedoch in schichtweiser Darstellung. Letztere lässt keine Fragen offen, ist aber weniger anschaulich. Es bietet sich deshalb an, in diesem Fall zunächst selbst eine Parallelprojektion zu zeichnen.

Zur besseren Übersicht sind die Aufgaben auch hier durchgehend nummeriert. Damit diese nicht mit den Nummern in Kapitel 8 kollidieren, beginnen wir mit

Aufgabe 51

Aufgabe 52

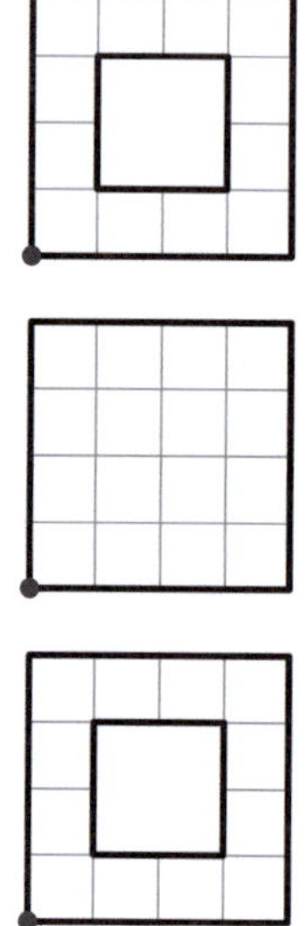

Aufgabe 53

Aufgaben 54 und 55

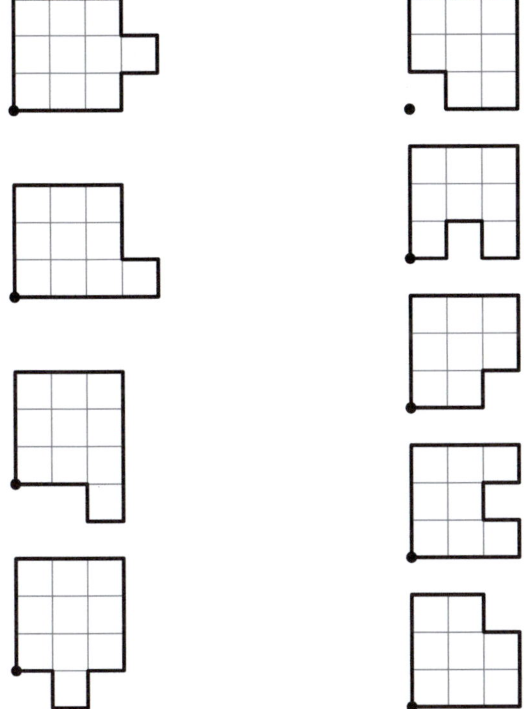

Aufgabe 56

Aufgabe 57

Aufgabe 58

Aufgabe 59

Aufgabe 60

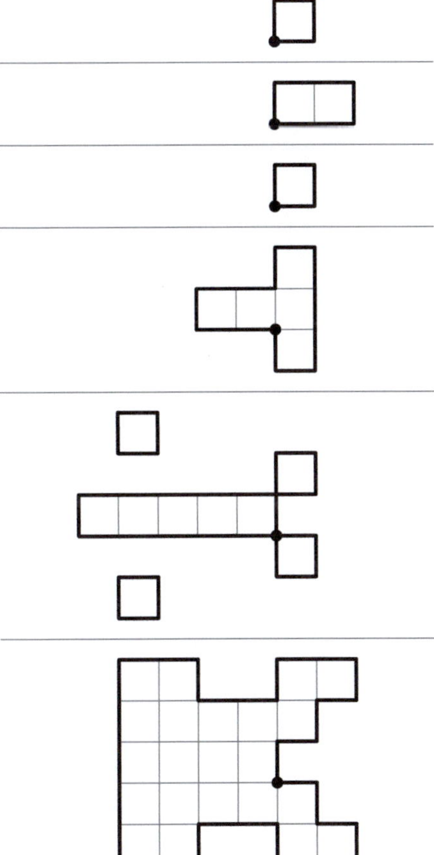

Aufgabe 61

Aufgabe 62

Aufgabe 63

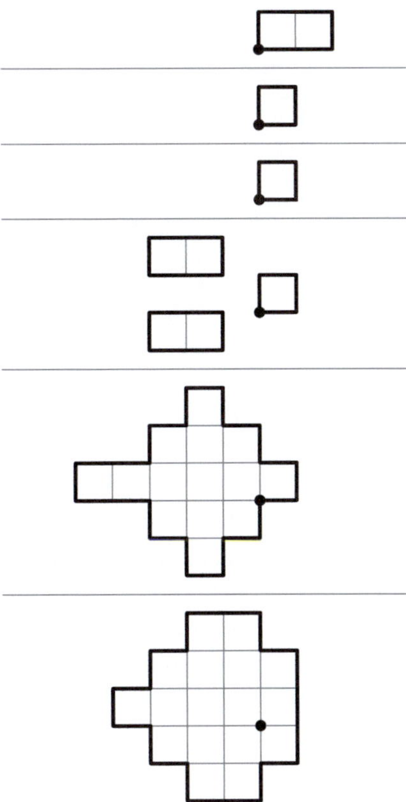

Aufgabe 64

Aufgabe 65

Damit wollen wir unsere Reihe von Vorschlägen für das Zusammensetzen von Körpern beenden. Das heißt natürlich nicht, dass es keine weiteren Aufgaben gibt, ganz im Gegenteil. Es steht jedem frei, seiner eigenen Kreativität freien Lauf zu lassen und weitere Körper zu entwerfen. Im Anschluss daran kann man überprüfen, ob es dafür tatsächlich Lösungen gibt, oder ob man einen Beweis findet, dass es eben keine Lösung gibt. Wenn der Körper Hohlräume oder Überhänge enthält, sollte man auch nachweisen können, dass die gefundene Lösung stabil ist. Und wenn einem der Körper gefällt, sollte man ihn korrekt dokumentieren, damit man ihn später anderen als Aufgabe vorschlagen kann.

11

Symmetrische Lösungen

Nahezu alle unsere Körper sind spiegelsymmetrisch. Da liegt doch die Frage nahe, ob es für sie auch spiegelsymmetrische Lösungen gibt, also Lösungen, die sich durch eine Spiegelung nicht verändern. Wir wollen das zunächst an einem Bcispiel verdeutlichen.

Für diesen Körper aus zehn Einheitswürfeln existieren insgesamt 16 Lösungen, zwei davon sind spiegelsymmetrisch. Es sollte also nicht schwer sein, zumindest eine der beiden selbst zu finden.

Damit eine Lösung spiegelsymmetrisch sein kann, müssen zunächst alle verwendeten Bausteine selbst spiegelsymmetrisch sein oder aber als Paar chiraler Bausteine auftreten. Bei unseren Bausteinen bilden rechte und linke Hand ein solches Paar, alle anderen Bausteine sind selbst spiegelsymmetrisch. Daneben muss für alle Bausteine – bei den chiralen für das Paar – die eigene Symmetrieebene mit der Symmetrieebene des Körpers zusammenfallen.

Aus diesem Grund betrachten wir die möglichen Spiegelebenen etwas genauer.

R. Gutsche, *Der Herzberger Quader,* https://doi.org/10.1007/978-3-662-71560-4_11

Da wären zunächst diejenigen Ebenen, die parallel zu Würfelflächen verlaufen. Diese können direkt auf den Würfelflächen, also zwischen den Würfeln liegen – oder aber durch die Mitte von Einheitswürfeln gehen. Die dritte Art von möglichen Spiegelebenen sind diejenigen, die ebenfalls durch die Mitte von Einheitswürfeln verlaufen, indem sie durch zwei gegenüberliegende Kanten des Einheitswürfels gehen und somit zwei Seitenflächen diagonal in je zwei Dreiecke teilen.

Nun untersuchen wir, welche Arten von Spiegelebenen für unsere Bausteine infrage kommen. Die beiden Hand-Bausteine brauchen wir nicht zu betrachten, da bei diesen nur die gegenseitige Lage bezüglich der Spiegelebene von Bedeutung ist und überhaupt nicht vom Baustein selbst abhängt.

Da jede Spiegelebene durch den Schwerpunkt verlaufen muss, können wir auf die Erkenntnisse aus Kapitel 10 zurückgreifen. Der Schwerpunkt des Dreibeins liegt weder genau auf der Fläche zwischen zwei Einheitswürfeln noch in der Mitte zwischen zwei Flächen, also scheiden zwei mögliche Spiegelebenen sofort aus. Nur die diagonal verlaufende Spiegelung ist möglich.

Alle anderen Bausteine sind flach und deshalb auf jeden Fall spiegelsymmetrisch, in diesem Fall bezüglich der Ebene auf halber Höhe.

Rechtwinklig dazu kann die Spiegelebene zwischen den Einheitswürfeln des Zweiers, der Stange und der Platte verlaufen. Durch die Würfelmitte parallel zu den Flächen lassen sich gerader Dreier und Auto spiegeln. Und diagonal spiegelbar sind abgewinkelter Dreier, Platte und die drei eindimensionalen Bausteine Zweier, gerader Dreier und Stange.

Ein Körper aus allen 40 Einheitswürfeln kann keine symmetrische Lösung haben, da das Dreibein nur diagonal spiegelsymmetrisch ist, Haken, Treppe und Auto dagegen nicht. Ohne das Dreibein, also mit 36 Einheitswürfeln, geht das schon, wie folgender Körper beweist. Wem gelingt es, eine der insgesamt 56 spiegelsymmetrischen Lösungen zu finden?

Ein weiterer schöner Körper ist der folgende, der von hinten genauso aussieht wie von vorn und 4 symmetrische Lösungen besitzt.

Es gibt auch eine Reihe von Quadern, die eine spiegelsymmetrische Lösung haben. Die meisten davon sind flach und daher uninteressant. Einer aber ist tatsächlich dreidimensional. Welcher ist das und wie sieht seine spiegelsymmetrische Lösung aus?

Wer aufmerksam war, hat sicherlich bemerkt, dass wir uns bisher nur mit spiegelsymmetrischen Lösungen beschäftigt haben. Selbstverständlich gibt es auch drehsymmetrische Körper mit drehsymmetrischen Lösungen. Diese Körper sind meist sehr klein, weshalb sich jeder selbst daran versuchen darf. Fast alle dieser drehsymmetrischen Lösungen sind auch spiegelsymmetrisch. Wer findet eine, die nicht spiegelsymmetrisch ist?

12

Soma-Würfel

Im Zusammenhang mit dem $3 \times 3 \times 3$-Würfel in Kapitel 7 hatten wir bereits auf den Soma-Würfel verwiesen, der aus allen nicht-konvexen Bausteinen des Herzberger Quaders besteht, also aus abgewinkeltem Dreier, Haken, Treppe, Auto, Dreibein und den beiden Händen. Martin Gardner machte diesen 1958 populär, und die Menge aller Lösungen bestimmten John Horton Conway und Michael J.T. Guy 1961. Sie sollen nur einen verregneten Nachmittag dazu benötigt haben, um die 240 Lösungen zu finden und gleichzeitig nachzuweisen, dass es sich dabei um alle Lösungen handelt. Selbst wenn man den Nachmittag großzügig mit acht Stunden ansetzt, sind das nur zwei Minuten pro Lösung. Computer hatten sie auch keinen zur Verfügung, aber sie waren natürlich gut vorbereitet.

Wir wollen nachvollziehen, mit welchen Kenntnissen und Vorgehensweisen dies möglich war, auch wenn wir die genauen Umstände natürlich nicht kennen.

Beginnen wir mit den Ecken. Mit den sieben Bausteinen müssen wir acht Ecken füllen. Jeder davon kann selbstverständlich gar keine oder aber (mindestens) eine Ecke belegen. Zwei von ihnen können sogar in zwei Ecken gleichzeitig liegen, nämlich Auto und Haken. Und beim Auto stellen wir fest, dass es gar keine andere Möglichkeit gibt. Entweder werden zwei Ecken belegt, oder aber gar keine. Wenn also das Auto in keiner Ecke liegt, bleibt garantiert eine Ecke des Würfels frei. Das ist natürlich unmöglich, also muss das Auto immer zwei Ecken belegen. Mit dieser Erkenntnis können wir von vornherein alle möglichen Drehungen des Würfels ausschließen, wenn wir das Auto fixieren, in unserem Fall hinten links.

R. Gutsche, *Der Herzberger Quader*, https://doi.org/10.1007/978-3-662-71560-4_12

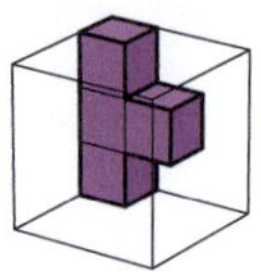

Damit uns auch die immer noch möglichen Spiegelungen nicht stören, beschränken wir einen Baustein – wir nehmen das Dreibein – auf die untere Seite des Würfels. (Selbstverständlich hätten wir auch die andere Seite der Spiegelsymmetrie wählen können, also die obere Seite.) Da das Dreibein in allen Richtungen nur zwei Einheitswürfel misst, darf es also nicht auf der oberen Seite des Würfels auftauchen. Dieselbe Bedingung kann man auch so formulieren, dass der Schwerpunkt des Dreibeins auf die untere Hälfte des Würfels begrenzt wird.

Alle Bausteine zusammen können in maximal neun Ecken liegen, genau einer davon nutzt also eine Ecke weniger als möglich. Diese „mangelnde"[1] oder besser ungenutzte Ecke können wir als Kriterium für die Lage jedes Bausteins heranziehen. Der Haken muss also immer in mindestens einer Ecke liegen – liegt er in zwei Ecken, kann ein beliebiger anderer Baustein seine Ecke ungenutzt lassen.

Als weiteres Kriterium dient uns der zentrale Einheitswürfel, der von außen nicht sichtbar ist. Auch dort kann sich immer nur genau ein Baustein befinden.

Wie zu erwarten war, spielt auch die Parität wieder eine Rolle. Stellen wir uns die Ecken schwarz vor, dann sind die Mitten der Seitenflächen ebenfalls schwarz. Die Mitten der Kanten und der (unsichtbare) Einheitswürfel im Zentrum sind dagegen weiß.

Da die Ecken schwarz sind, hat das Auto nur einen weißen Einheitswürfel. Demzufolge muss das Dreibein drei weiße und der abgewinkelte Dreier zwei schwarze Einheitswürfel haben.

Schauen wir uns nun die möglichen Positionen der Bausteine an. Beginnen wir mit dem Dreibein.

Das Dreibein kann mit seinem mittleren (also dem schwarzen) Einheitswürfel in einer Ecke liegen. Als zweite Möglichkeit kommt für den mittleren Einheitswürfel noch die Seitenmitte infrage. In diesem Fall belegt das Dreibein das Zentrum des Würfels.

Liegt der abgewinkelte Dreier in einer Ecke, so kann das aufgrund der Parität nur einer seiner Schenkel sein. Der andere befindet sich dann auf einer

---

[1] Conway nannte den betroffenen Baustein englisch „deficient".

Seitenmitte. Ohne Ecke liegen beide Schenkel auf den Seitenmitten, und der mittlere Einheitswürfel entweder auf einer Kante oder aber im Zentrum.

Die anderen Bausteine kann man analog analysieren. Die Ergebnisse sind in der folgenden Tabelle zusammengefasst, wobei die Kreise die ungenutzte Ecke und den zentralen Würfel kennzeichnen. Die Anzahl der möglichen Lagen ist die Ausgangssituation, wenn im Würfel nur das Auto vorhanden ist.

Baustein	Ecken	Seiten	Kanten	Zentrum	Lagen
A	2	1	1		1
D	1		3		3
	◯	1	2	①	9
H	2		2		28
	①	1	2		30
T	1	1	2		30
	◯	2	1	①	15
L / R	1	1	2		16
	1	1	1	①	16
	◯	2	2		15
	◯	2	1	①	15
3	1	1	1		32
	◯	2	1		8
	◯	2		①	8
Summe	8	6	12	1	

Die wenigsten möglichen Lagen im Würfel besitzt das Dreibein, da es ziemlich symmetrisch ist und wir es auch noch auf die untere Hälfte festgelegt haben. Deshalb machen wir uns zunächst ein Bild von allen zwölf möglichen Lagen des Dreibeins.

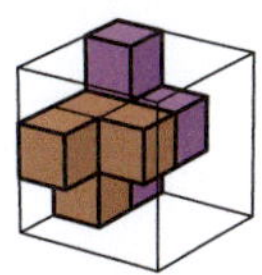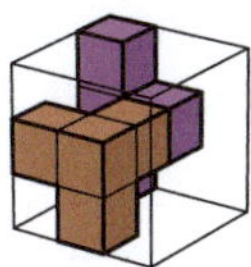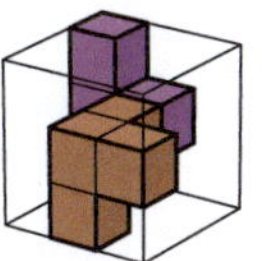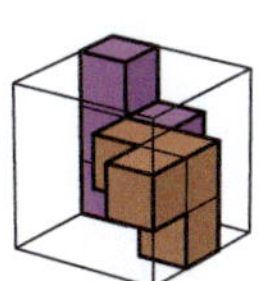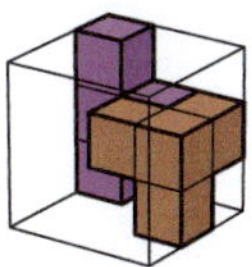

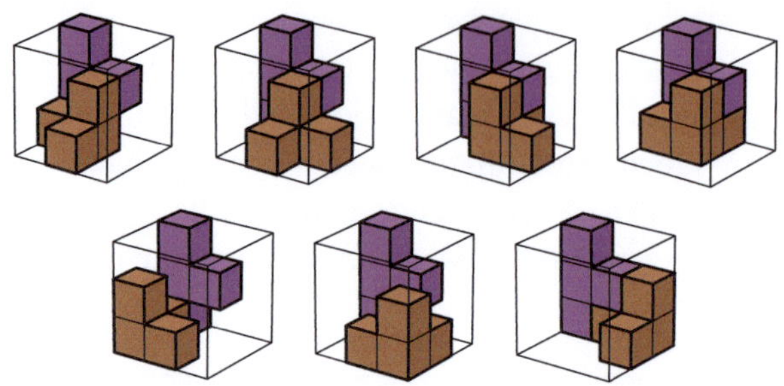

Um weiterzumachen, nehmen wir hier die zweite Anordnung in der mittleren Reihe. Diese erscheint dem geübten Auge verwinkelt genug, um im Weiteren nicht zu viel probieren zu müssen. Die drei Anordnungen in der unteren Reihe hingegen lassen den verbleibenden Bausteinen sehr viele Freiheiten, da weder der zentrale Würfel belegt ist, noch entschieden ist, welcher Baustein seine Würfelecke ungenutzt lässt.

Nun versuchen wir als nächstes, für diese Anordnung den Haken zu platzieren. Der Haken muss dabei zwei Ecken stellen, liegt also auf einer Kante.

Die unteren vier Kanten sind allesamt durch Auto oder Dreibein blockiert.

Stehend gibt es für den Haken an der vorderen linken Kante drei verschiedene Lagen, an der vorderen rechten zwei und an der hinteren rechten Kante wieder drei.

Oben sind nur zwei Kanten nutzbar, sowohl vorn als auch rechts sind alle vier möglichen Lagen durch nichts blockiert.

Somit gibt es insgesamt 16 Lagen für den Haken, die wir alle untersuchen müssen. Beginnen wir mit der vorderen linken Kante.

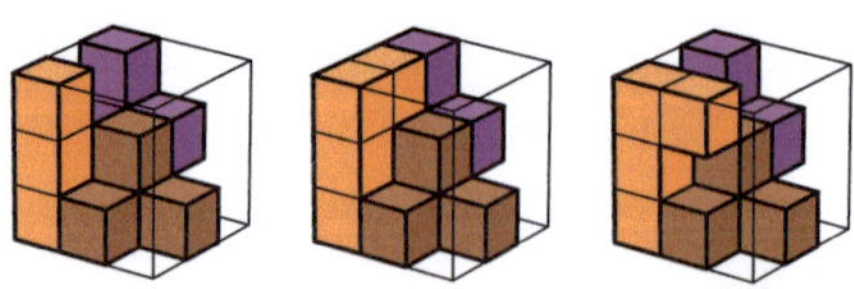

Hier ist die Mitte auf der linken Seite unbesetzt, jeder der verbleibenden Bausteine muss jedoch eine Ecke besetzten. Bis in alle freien Ecken ist der Abstand aber so groß, dass dafür ein Pentawürfel benötigt würde. Mit dem Haken auf der vorderen linken Kante existiert also keine Lösung.

Wer sich das mittlere Bild genau ansieht, bemerkt zudem, dass auf der linken Fläche ein Freiraum von zwei Einheitswürfeln verbleibt. Dafür haben wir gar keinen Baustein zur Verfügung.

Für die folgenden beiden möglichen Positionen des Hakens muss man tatsächlich mit der Treppe weitermachen, um sicher zu sein, dass auch das zu Widersprüchen führt.

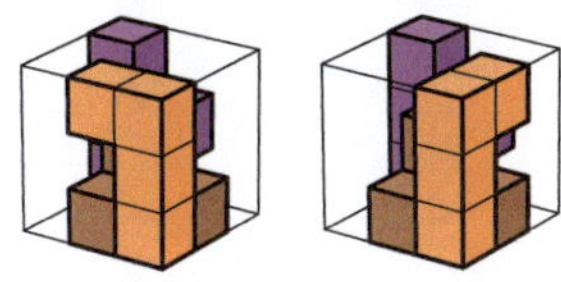

Im ersten Bild führt die Treppe in der linken Position dazu, dass unter ihr ein Loch von einem Einheitswürfel Größe entsteht. Das ist obendrein noch unabhängig von der Lage des Hakens, sodass die Treppe garantiert nicht auf der linken Seite verbaut werden kann. Oben teilt die Treppe die restlichen freien Würfel in Gruppen von fünf und sechs. Rechts produziert die Treppe ein Loch von der Größe eines Einheitswürfels. Wenn im zweiten Bild die Treppe vorn verbaut wird, entsteht hinter ihr ein „Schacht" von zwei Würfeln Länge, der mit keinem Baustein mehr gefüllt werden kann. Wenn die Treppe oben so verbaut wird, dass die linke vordere Ecke genutzt wird, so teilt sie die restlichen freien Würfel wieder in Gruppen von fünf und sechs. Die letzte Möglichkeit ist die, bei der die Treppe oben in der rechten hinteren Ecke liegt. Da würde darunter sogar die linke Hand passen, die linke vordere Kante kann jedoch nicht von Dreier und rechter Hand ausgefüllt werden.

Wenn der Haken hinten rechts stehend angeordnet ist, geht es zunächst ähnlich zu.

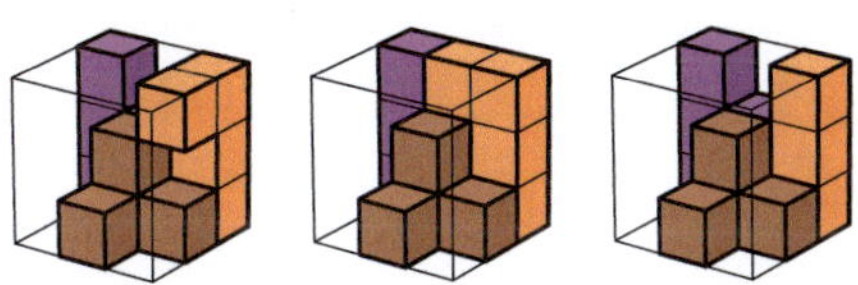

Die beiden ersten Bilder haben ein Loch an der Rückseite. Beim dritten existiert hinten oben zwischen Auto und Haken eine Freistelle, die so weit weg von allen noch freien Ecken ist, dass sie nur noch durch die Treppe gefüllt werden kann. In die untere rechte vordere Ecke passt keiner der beiden Hand-Bausteine, sodass dort nur noch der Dreier verbaut werden kann. Dann müssen wir nur noch die beiden Lagen der Treppe untersuchen. Wenn sie die linke obere Ecke belegt, dann lassen sich die beiden Hand-Bausteine nicht platzieren, in der rechten oberen Ecke dagegen finden wir eine Lösung.

Weiter geht es mit den vorläufig „schwebenden" Haken.

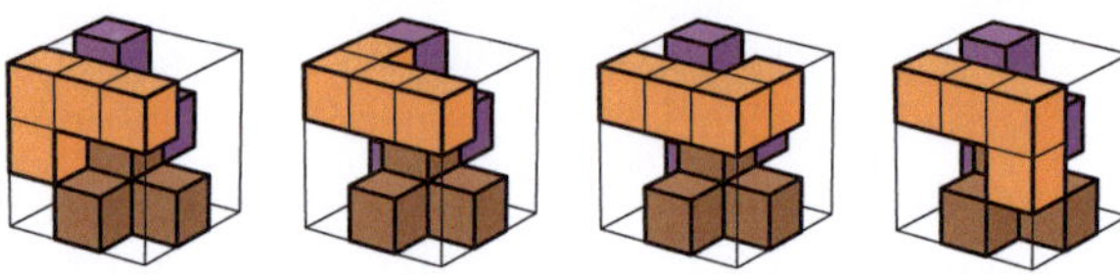

Im ersten Bild passt in die linke untere Ecke nur der Dreier. Der Freiraum darüber lässt sich nur noch mit der Treppe schließen. Dann wird aber für die untere rechte Ecke auch der Dreier benötigt. Im zweiten Bild bleiben für die Treppe nur zwei Möglichkeiten an der rechten Seite, eine führt zu einem Loch von einem Würfel Größe, die andere zur Teilung des restlichen Freiraums in fünf und sechs Würfel. Im dritten Bild passt die Treppe ausschließlich auf die linke Seite, was bereits weiter oben im Text ausgeschlossen werden konnte. Im vierten Bild ist das Loch rechts unten offensichtlich, genauso wie im ersten Bild der folgenden Zeile.

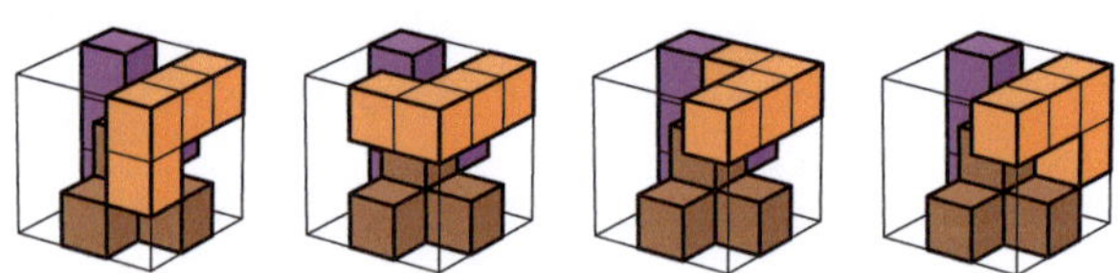

Im zweiten Bild kann der Freiraum in der oberen Schicht nur noch durch die Treppe ausgefüllt werden. Allerdings lässt sich der Dreier dann in keiner der verbleibenden drei Ecken mehr positionieren, ohne nicht mindestens einen der Hand-Bausteine zu blockieren. Im dritten Bild teilt die Treppe auf der Vorderseite in der linken unteren Ecke den Rest in fünf und sechs Würfel, in der rechten unteren Ecke ergibt sich dagegen eine Lösung.

Im letzten Bild der Zeile befindet sich in der hinteren Seite ein Hohlraum von zwei Würfeln Größe.

Damit haben wir eine der Möglichkeiten, das Dreibein zu positionieren, komplett durchprobiert. Sehr ergiebig war unsere Suche nicht, aber das war auch nicht das Ziel. Viel wichtiger war es, einige Handgriffe zu üben und Probleme frühzeitig zu erkennen. Löcher von einem oder zwei Würfeln Größe sind noch intuitiv erfassbar. Dass Freistellen von fünf oder sechs Würfeln Größe jeder Lösung im Wege stehen, ist offensichtlich, wenn man es erst einmal erkannt hat. Wenn ein bereits verbauter Baustein seine Ecke nicht genutzt hat, müssen alle anderen ihre Ecke nutzen. Auch das schränkt deutlich ein.

Balancierender Soma-Würfel

Abschließend noch einige Bemerkungen zum sogenannten balancierenden Soma-Würfel. Dabei handelt es sich um eine Lösung des Soma-Würfels, die nicht auseinanderfällt, wenn sie mit der geeigneten Seite nach unten positioniert und nur unter dem mittleren Würfel der Unterseite unterstützt wird. Wir können als Stütze den Zweier verwenden, dann sieht das so aus:

Die Anzahl der verschiedenen Lösungen für den balancierenden Soma-Würfel variiert von Publikation zu Publikation und hängt vermutlich weniger von der Kreativität der jeweiligen Autoren als vielmehr von der Reibung zwischen den einzelnen Bausteinen ab. Jedenfalls hat der Autor bisher keinen gefunden, der nach unseren in Kapitel 10 definierten Kriterien stabil wäre.

Sollte sich also unter den Lesenden zufällig jemand befinden, der Statik starrer Körper studiert hat, so könnte er diese offene Frage beantworten, indem er zum Beispiel nachweist, dass ein stabiler Zusammenbau mit den vorhandenen Bausteinen unmöglich ist.

13

Informatik

Schauen wir uns zum Schluss noch an, wie man ermitteln kann, dass es für den Herzberger Quader genau 4 441 090 Lösungen gibt. Auch das ist Mathematik, und selbst die heutige Informatik ist im Grunde genommen ein Spezialgebiet der mathematischen Logik, das sich aufgrund seines Umfangs und seiner Bedeutung für die Praxis verselbständigt hat. Wir bleiben dabei aber ganz an der Oberfläche, und die unvermeidlichen Fachbegriffe sollen beim Lesen nicht verwirren, sondern Interessierten dazu dienen, sich an anderer Stelle gezielt über die Hintergründe informieren zu können.

Grundlage aller Überlegungen ist zunächst die Tatsache, dass wir die 40 Einheitswürfel des Herzberger Quaders mit unseren elf Bausteinen in einer Art und Weise füllen müssen, dass sie sich gegenseitig nicht behindern. Diese Aufgabenstellung gehört zum mathematischen Teilgebiet der Kombinatorik und wird dort als *Problem der exakten Überdeckung* bezeichnet. Seit 1972 ist bekannt, dass es sich dabei um ein sogenanntes NP-vollständiges Problem handelt. Für die Praxis bedeutet letzteres, dass es in der Regel keinen effizienteren Weg zur Lösung gibt, als das Durchprobieren aller Möglichkeiten.

Ein solches Durchprobieren lässt sich einfach beschreiben. Man bestimmt zunächst alle Lagen, die jeder Baustein für sich allein im Quader annehmen kann. Für die Platte gibt es zum Beispiel insgesamt 55 verschiedene Lagen: je $3 \cdot 4 = 12$ liegend in der oberen und unteren Schicht, stehend $4 \cdot 4 = 16$ parallel zur längeren Seite und $3 \cdot 5 = 15$ parallel zur kürzeren Seite, wie man auch in der folgenden Abbildung erkennen kann.

© Der/die Autor(en), exklusiv lizenziert an Springer-Verlag GmbH, DE, ein Teil von Springer Nature 2025
R. Gutsche, *Der Herzberger Quader*, https://doi.org/10.1007/978-3-662-71560-4_13

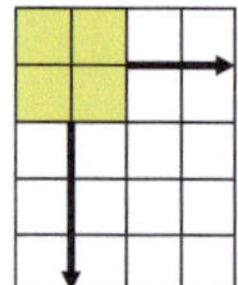 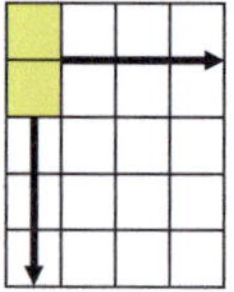 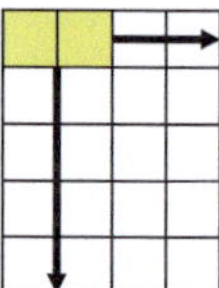

Nun probiert man für jede Lage des ersten Bausteins jede Lage des zweiten Bausteins, dafür wiederum jede Lage des dritten Bausteins usw. bis zum Ende. Selbstverständlich kann man dabei diejenigen Lagen, die durch andere Bausteine bereits blockiert sind, überspringen. Wenn man zum Schluss des Positionierens den vollständigen Quader erhält, ist das eine mögliche Lösung. In diesem Fall muss nur noch untersucht werden, ob sie neu ist oder durch Drehung oder Spiegelung einer bereits zuvor gefundenen gleicht.

In den allermeisten Fällen stellt sich jedoch heraus, dass der letzte Baustein (oder bereits schon der vorletzte oder noch früher) nicht in dem noch freien Platz unterzubringen ist. Das ist dann also keine Lösung, und es geht mit der nächsten Lage des zuletzt platzierten Bausteins weiter.

Falls man nur irgendeine (beliebige) Lösung finden möchte, kann man nach der ersten gefundenen aufhören. Wenn man aber, wie in unserem Fall, die Anzahl aller Lösungen bestimmen will, muss man so lange weitermachen, bis alle Lagen aller Bausteine untersucht worden sind.

Dieser Algorithmus kann für einen Computer programmiert werden, und trotzdem sollte man noch an zwei Stellen optimieren, um Rechenzeit zu sparen.

Die erste Optimierung betrifft Drehungen und Spiegelungen. Wenn wir diese nicht von vornherein ausschließen, erhalten wir für den Herzberger Quader aufgrund seiner Symmetrien zunächst die achtfache Anzahl möglicher Lösungen, von denen jeweils acht bis auf Drehung und Spiegelung gleich sind. Dies können wir vermeiden, wie wir es bereits beim Soma-Würfel getan haben (siehe Kapitel 12). Für den Herzberger Quader mit seinen zwei Schichten eignet sich das Dreibein dafür sehr gut. Wir schränken die möglichen Lagen des Dreibeins ein und nutzen nur diejenigen, bei denen der Schwerpunkt (siehe Kapitel 10) in einem Achtel des Herzberger Quaders liegt (halbe Höhe, halbe Breite, halbe Tiefe). Deshalb bleiben für das Dreibein nur zwölf Lagen übrig, wie die folgende Abbildung bestätigt. Das Achtel, auf das wir den Schwerpunkt des Dreibeins begrenzt haben, ist hellgrau markiert, das Dreibein hat immer drei Einheitswürfel in der unteren und einen in der oberen Schicht.

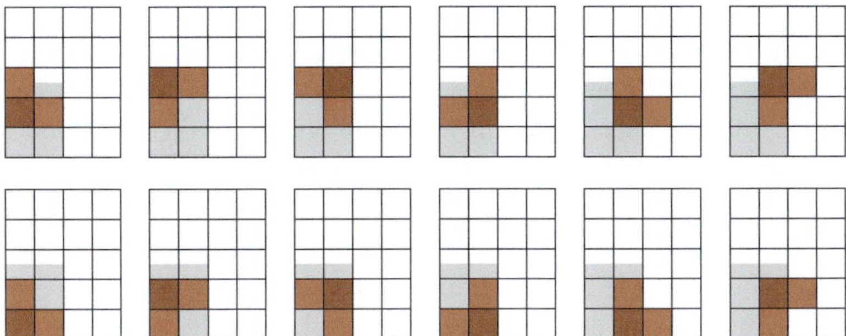

Die zweite Optimierung ist ein Kniff aus der Informatik aus dem Jahr 1979, der später von Donald E. Knuth unter dem Namen DLX-Algorithmus bekannt gemacht wurde. Mit diesem kann ein Durchprobieren signifikant beschleunigt werden.

Der Autor hat nun die ursprüngliche, also nicht parallelisierte Version dieses DLX-Algorithmus auf einem ganz normalen PC mit einem Intel Core i7–6700-Prozessor bei ungefähr 3,75 GHz im 32-Bit-Modus laufen lassen (Letzteres, um das Ergebnis gut mit älteren Prozessoren vergleichen zu können). Nach zwei Minuten lag das Ergebnis vor. Das Durchprobieren war wie erwartet in 4 441 090 Fällen erfolgreich, die Zahl der Fehlversuche lag bei etwas mehr als 145 Millionen. Insgesamt führten also weniger als 3 % aller Versuche zu einer Lösung.

Den folgenden Geschwindigkeitsbetrachtungen muss vorangestellt werden, dass es sich an vielen Stellen nur um grobe Näherungen handeln kann. Zu viele Faktoren sind tatsächlich nur Schätzungen. Alle Werte wurden bewusst konservativ gewählt, sodass die geschätzte Rechenzeit in der Vergangenheit eher höher gewesen wäre als hier berechnet. So ist zum Beispiel davon auszugehen, dass die heutigen zwei Minuten nicht unwesentlich dadurch erreicht wurden, dass sich Programm und Daten komplett in den 8 MB CPU-Cache befanden.

Für den historischen Vergleich benutzen wir zwei zu ihrer jeweiligen Zeit verbreitete Prozessoren, die dasselbe Programm hätten ausführen können, für das Jahr 1985 einen Intel i386DX und für 1993 einen Intel Pentium. Die für unsere Zwecke relevante Leistungsfähigkeit (es werden nur logische Operationen und keinerlei Berechnungen durchgeführt) kann dabei wie folgt abgeschätzt werden:

- Der Pentium war etwa 20-mal so schnell wie der i386DX.
- Ein Core des i7-6700 ist etwa 1500-mal so schnell wie der Pentium.

Unter diesen Voraussetzungen hätte das Programm anstelle der zwei Minuten im Jahr 1993 insgesamt mehr als zwei volle Tage benötigt, im Jahr 1985 fast sechs Wochen.[1] Dieses heutige Wissen gepaart mit der Tatsache, dass Rechentechnik zu dieser Zeit nicht wie heute überall verfügbar war und Programmierende andere Aufgaben als interessanter ansahen, macht verständlich, dass die Anzahl der Lösungen für den Herzberger Quader erstmalig im Jahr 2021 von Bob Nungester ermittelt wurde. Da zuvor diese Zahl nicht bekannt war, hätte es leicht sein können, dass sie auch zehnmal so groß ist, und das hätte 1985 zu einer Rechenzeit von über einem Jahr geführt – ein zur damaligen Zeit in der Praxis undurchführbares Unterfangen.

Die betrachtete Rechenzeit bezieht sich allein auf die Anzahl der Lösungen, die Lösungen selbst werden dabei nicht erzeugt. Im Computer entstehen sie selbstverständlich, werden aber nach dem Zählen sofort wieder verworfen. Wollte man das ändern, würde das Ganze auch heute noch merklich länger dauern. Eine kompakte Textdatei mit allen Lösungen könnte zum Beispiel pro Lösung eine Zeile mit 40 Zeichen und Zeilenende enthalten und würde dann um die 175 MB belegen.

Um eine Vorstellung von der Menge der Lösungen zu bekommen, sollte man mal in Gedanken diese Datei ausdrucken. 4 441 090 Zeilen, je 66 Zeilen pro Seite, Vorder- und Rückseite bedruckt, ergibt 33 645 Blatt Papier. Nimmt man dafür normales A4-Papier mit einem Gewicht von 80 g/m², so ergibt sich ein Stapel von reichlich 3 m Höhe und einer Masse von mehr als 168 kg. Wird dagegen, wie früher üblich, einseitig auf Endlospapier gedruckt, ist die bedruckte Papierschlange hinterher 18,8 km lang. Wie praktisch ist dagegen die heute schon fast klein anmutende Datei, die 1993 allerdings noch eine komplette Festplatte gefüllt hätte und davor allenfalls auf Magnetband sinnvoll speicherbar war.

Kommen wir in die Gegenwart zurück und stellen uns eine letzte Frage: Welches ist der Körper, der aus den Bausteinen des Herzberger Quaders zusammengesetzt werden kann und dabei die größtmögliche Anzahl von Lösungen besitzt?

Vermutlich ist das ein Körper, der keinerlei Symmetrien aufweist. Zwar hat solch ein Körper mitunter deutlich weniger mögliche Anordnungen als ein regulärer Körper, dafür zählen diese jedoch alle als verschiedene Lösungen. Der Autor hat einige dieser Körper durchprobiert und für den abgebildeten herausgefunden, dass er insgesamt 22 747 807 Lösungen besitzt.

---

[1] Leider verfügt der Autor über keine so alten Computer, um das in der Praxis überprüfen zu können.

Ob es andere Körper mit einer noch höheren Anzahl von Lösungen gibt, bleibt offen.

14

Geschichte

Nichts entsteht aus dem Nichts – philosophisch gesprochen. Das bedeutet für uns, dass es immer eine Entwicklung gab, die Voraussetzung für das Neue war. Und diesem roten Faden wollen wir folgen, wenn wir der Geschichte des Herzberger Quaders nachgehen.

Im Jahr 1933 wurde der dänische Erfinder und Lyriker **Piet Hein** (1905–1996) durch eine Vorlesung Werner Heisenbergs über dessen (später verworfene) Theorie der Gitterwelt zur Erfindung des Soma-Würfels inspiriert. Er meldete diesen sogar zum Patent an.

Zwanzig Jahre später, also 1953, beschäftigte sich der US-amerikanische Mathematiker und Ingenieur **Solomon W. Golomb** (1932–2016) mit Figuren, die aus Quadraten zusammengesetzt waren. In Anlehnung an das Wort Domino benannte er diese Polyominos. Schon bald dehnte er seine Überlegungen in die dritte Dimension aus, indem er den Polyominos eine einheitliche Dicke gab, also nach heutigem Sprachgebrauch flache Polywürfel dreidimensional anordnete. Und spätestens 1965 kombinierte er diese mit den vom Soma-Würfel her bekannten dreidimensionalen Polywürfeln, sodass zum ersten Mal unsere elf Bausteine (zusammen mit dem einzelnen Einheitswürfel) in einer Abbildung vereint erschienen.

1957 waren mathematische Betrachtungen von Alltagsproblemen und Spielen so weit fortgeschritten, dass der US-amerikanische Wissenschaftsjournalist **Martin Gardner** (1914–2010) seine Kolumne „Mathematische Spiele" in der renommierten populärwissenschaftlichen Monatszeitschrift „Scientific

© Der/die Autor(en), exklusiv lizenziert an Springer-Verlag GmbH, DE, ein Teil von Springer Nature 2025
R. Gutsche, *Der Herzberger Quader,* https://doi.org/10.1007/978-3-662-71560-4_14

American“ begann. Im September 1958 stellte er dort den Soma-Würfel vor und machte ihn damit einem breiten und zum Teil begeisterten Publikum bekannt. Darüber hinaus popularisierte er mit seiner Kolumne allgemein etwas, was man am besten mit unterhaltsamer Mathematik bezeichnen kann.

Zu diesem Zeitpunkt war immer noch nicht bekannt, wie viele Lösungen es für den Soma-Würfel gibt. 230 waren bereits gefunden worden, und es wurde vermutet, dass die Gesamtzahl nicht viel darüber liegen könne.

1961 setzten sich dann der britische Mathematiker **John Horton Conway** (1937–2020) und sein Kollege Michael J. T. Guy (geb. 1943) zusammen, um endlich alle Lösungen des Soma-Würfels zu bestimmen. Sie ermittelten die Zahl 240 und hielten die Lösungen in der sogenannten SOMAP fest. Letztere vereint alle Lösungen und zeigt die entsprechenden Übergänge von einer zu den jeweils benachbarten auf.

Werfen wir nun einen kurzen Blick auf den Lebenslauf von **Gerhard Schulze,** dem Erfinder des Herzberger Quaders.

Nach dem Umzug seiner Eltern von Herzberg (Elster) nach Halle (Saale) wurde er dort am 30.5.1919 geboren. 1937 legte er sein Abitur an der Oberrealschule der Franckeschen Stiftungen ab. Den Krieg überlebte er als Panzersoldat und Kriegsgefangener. 1949/50 besuchte er einen Neulehrerlehrgang in Halle und begann 1950 als Mathematiklehrer an der Oberschule in Herzberg (Elster), die später zur Erweiterten Oberschule wurde (heute Philipp-Melanchthon-Gymnasium). Von 1954 bis 1960 absolvierte er ein Fernstudium an der Pädagogischen Hochschule Potsdam, von 1964 bis 1981 war er Fachberater Mathematik für den gesamten Kreis Herzberg. In den Jahren 1966 bis 1970 war er Mitglied des wissenschaftlichen Rates des Ministeriums für Volksbildung der DDR.

Neben seiner Tätigkeit als Lehrer engagierte er sich stark in der außerschulischen Arbeit. Er organisierte und leitete lokale Mathematik-Arbeitsgemeinschaften und motivierte und unterstützte seine Kolleginnen und Kollegen bei ähnlichen Aktivitäten. Viele Jahre leitete er zusammen mit zwei Kollegen den Klub Junger Mathematiker des Bezirkes Cottbus und setzte sich dabei besonders für die Etablierung eines Mannschaftswettbewerbs bei der Mathematikolympiade ein. Von 1964 bis 1975 war er als Leiter der Aufgabengruppe für die Klassenstufe 9/10 Mitglied der zentralen Aufgabenkommission der Olympiaden Junger Mathematiker und seit 1967 Redaktionsmitglied der mathematischen Schülerzeitschrift „alpha".

In Würdigung seiner Leistungen wurde ihm 1963 der Titel Studienrat und 1969 der Titel Oberstudienrat verliehen. Außerdem wurde er, genauso wie seine beiden Kollegen, 1970 als Mitglied der Leitung des Klubs „Junger Mathematiker" Cottbus mit dem Orden „Banner der Arbeit" ausgezeichnet.

Ab 1982 begann er, mathematische Spiele zu sammeln und für Matheklubs und Schulklassen im Mathematikunterricht aufzubereiten. Der Großteil erstreckte sich auf bekannte Dinge wie bunte Dreiecke und Quadrate, bunte Würfel und Würfelnetze, magische Quadrate, Polyominos, Türme von Hanoi, Lege- sowie Schiebespiele.

Einige Dinge jedoch waren neu, unter ihnen auch der Herzberger Quader. Schulze hatte einfach mit seiner mathematisch gewissenhaften Herangehensweise alle möglichen Polywürfel bis zu den Tetrawürfeln zusammengenommen und festgestellt, dass das einerseits als schöner handlicher Quader zusammengesetzt werden kann, andererseits großes Potenzial für weitere Aufgabenstellungen bietet.

Um seine Spielesammlung einem größeren Kreis von interessierten Lehrkräften im Bereich Mathematik, Schülerinnen, Schülern und Erwachsenen zugänglich zu machen, bereitete er diese als Wanderausstellung auf, in der die Spiele mit ihren Grundlagen und Aufgabenstellungen auf Schautafeln vorgestellt wurden und gleichzeitig immer eine Anzahl von Spielen zum praktischen Ausprobieren vorhanden war. Für die handelsüblichen Spiele war Letzteres kein großes Problem, für den Herzberger Quader gelang es, einen lokalen Produzenten für eine Kleinserie zu gewinnen. Und so startete Anfang 1984 – im Jahr der 800-Jahr-Feier von Herzberg – die Ausstellung „Herzberger Spiele" mit dem Herzberger Quader, der während der Festwoche im September auch als Souvenir zu erwerben war.

In den folgenden Jahren widmete sich Schulze, er war bereits Rentner geworden, voll und ganz seiner Ausstellung. Diese musste immer wieder an die neuen räumlichen Gegebenheiten angepasst werden, und auch der Inhalt war auf den neuesten Stand zu bringen. Im Rückblick fällt auf, dass einige Themen offensichtlich nicht so gefragt waren und deshalb seltener gezeigt wurden, der Herzberger Quader sich jedoch mit neuen Erkenntnissen und Aufgaben auf immer mehr Schautafeln ausbreitete. Über die Ausstellung wurde oft in der Presse berichtet, fachliche Details zum Herzberger Quader dagegen sind aus dieser Zeit nur in der „alpha" zu finden.

Als Gerhard Schulze am 24.9.1995 in Herzberg starb, war die Ausstellung von ihm einundvierzig Mal gezeigt worden, sein letzter Artikel über den Herzberger Quader erschien posthum 1997 in der „alpha".

Die Ausstellung und damit der Herzberger Quader war trotz der inzwischen erfolgten Wiedervereinigung Deutschlands nicht über die Grenzen der neuen Bundesländer hinausgekommen.

Für eine Verbreitung in die Welt sorgten nun andere Personen, von denen die wichtigsten hier kurz vorgestellt werden sollen.

Thorleif Bundgaard (geb. 1956), leitender Ingenieur eines Unternehmens aus Aarhus (Dänemark), später Oberschuldozent (dän. lektor) für Mathematik, Elektronik und Technologie am renommierten Aarhus Gymnasium und seit Kurzem Rentner, durfte als Kind bei seinem Großvater mit einem Soma-Würfel spielen, den dieser von einem Freund, dem Produzenten Theodor Skjøde Knudsen geschenkt bekommen hatte. Nach dem Tod des Großvaters ging dieses historische Stück in seinen Besitz über, ohne dass er es zunächst aktiv benutzte. 1998 hatte sich das Internet so weit etabliert, dass Bundgaard seine eigene Internetpräsenz aufbaute, in die er den Soma-Würfel und seine daraus gewonnenen Erkenntnisse, Aufgaben und auch den Schriftwechsel mit anderen Soma-Spielern, wie er sie nannte, integrierte. Völlig unerwartet für ihn entwickelte sich diese Internetpräsenz zum zentralen Ort des weltweiten Austausches zum Thema Soma-Würfel, sodass er bald schon Schwierigkeiten bekam, die Fülle des Materials übersichtlich zu präsentieren, und deshalb seine Seite mehrfach umgestalten musste.

Ines Petzschler (geb. 1958) war von 1980 bis 2023 Mathematiklehrerin in Leipzig, seit 1992 am Werner-Heisenberg-Gymnasium. Darüber hinaus war sie Fachberaterin für Mathematik und Lehrbeauftragte für das höhere Lehramt an Gymnasien. Von 2014 bis 2019 war sie Abgeordnete Lehrerin an der Universität Leipzig (Mathematikdidaktik). 1999 veröffentlichte Petzschler in der MUED (Mathematik-Unterrichts-Einheiten-Datei) ihre Broschüre „Bau Was – Eine Unterrichtseinheit zum Praktischen Lernen im Geometrieunterricht der Sekundarstufe I", in welcher der Herzberger Quader erstmals den Mathematiklehrkräften im gesamten Bundesgebiet vorgestellt wurde. Die Broschüre hat bereits ihre vierte Auflage erreicht, außerdem finden sich im Internet davon abgeleitete Arbeitsblätter von anderen engagierten Lehrkräften für das Fach Mathematik.

Volker Pöschel (1954–2012) war Mathematiklehrer in Gotha und leitete den dortigen Mathe-Club. Im Internet stieß er auf Bundgaards Seite über den Soma-Würfel und schrieb ihm im Juli 2000 über den Herzberger Quader. Bundgaard nahm diesen mit großer Freude in seine Präsentation auf und informierte in diesem Zusammenhang auch gleich noch die ganze Welt über die politischen Verhältnisse und Veränderungen in Deutschland seit 1945.

Nun konnte sich also jeder, der sich für den Soma-Würfel interessierte, auch mit dem Herzberger Quader bekanntmachen. **Bob Nungester** (geb. 1951), damals noch leitender Ingenieur eines Unternehmens in Cupertino (Kalifornien), hatte gerade in seiner Freizeit ein Programm geschrieben, das die Lösungen von verschiedenen Soma-Körpern berechnen konnte. Auch er war vom Herzberger Quader dermaßen begeistert, dass er sein Programm 2002 erweiterte, sodass es auch Lösungen für den Herzberger Quader fand. Das waren jedoch immer nur einzelne Lösungen. Erst als Ruheständler schrieb er ein deutlich verbessertes Programm, mit dem er im Jahr 2021 erstmals die Frage beantworten konnte, wie viele verschiedene Möglichkeiten es gibt, den Herzberger Quader zusammenzusetzen.

Als nächstes erschien 2025 dieses Buch, das erste Buch über den Herzberger Quader. Wie üblich war der Autor daran nicht allein beteiligt und möchte sich bei allen Mitwirkenden herzlich bedanken.

Großer Dank gebührt zunächst Jürgen Schulze, der das Archiv seines Vaters nicht nur aufbewahrt hat, sondern dem Autor auch bereitwillig Zugang dazu verschaffte. Beides zusammen bildete eine solide Grundlage für das Erscheinen dieses Buches.

Als nächstes seien diejenigen erwähnt, die seit der Entstehung des Herzberger Quaders immer wieder neue Körper entworfen und diese der Allgemeinheit zur Verfügung gestellt haben. Auch wenn ihre Namen oft nicht bekannt sind und einige Körper offensichtlich mehrere unabhängige Quellen haben, so wäre die Arbeit am Buch ohne sie doch wesentlich umfangreicher ausgefallen.

Die beiden Fotos stammen von Jürgen Schulze und Christian Becker, denen ich an dieser Stelle ebenfalls danken möchte.

Ein besonderer Dank gilt Ines Petzschler, die das Manuskript aus ihrem professionellen Blickwinkel gelesen hat und danach mit vielen hilfreichen Tipps zu dessen Verbesserung beitragen konnte.

Für den Inhalt eines Buches ist der Autor verantwortlich, alles andere erledigt der Verlag. Dort hatte ich mit Andreas Rüdinger und Anna Sippel zwei Ansprechpartner, die mich von der Idee bis zum fertigen Manuskript geduldig und kompetent begleitet haben, auch dafür möchte ich mich herzlich bedanken.

Mein größter Dank – und dem werden sich wohl alle anschließen, denen das Buch gefällt – gilt einem ehemaligen Kollegen von Gerhard Schulze: Mein Vater Horst Gutsche hat sich nach dessen Tod immer wieder für den Herzberger Quader eingesetzt. Er sorgte dafür, dass zu wichtigen Anlässen

Herzberger Quader zur Verfügung standen, zum Beispiel als Gastgeschenk in die Partnerstadt Dixon (Illinois) oder als Andenken bei Abituriententreffen ehemaliger Schüler von Gerhard Schulze. In den letzten Jahren unterstützte ich ihn bei seinen diesbezüglichen Aktivitäten und wurde dadurch unweigerlich immer tiefer in das Thema hineingezogen. Und in der Folge wurde mir irgendwann bewusst, dass dieses Kleinod zwar schon viele Liebhaber gewonnen hatte, aber für diese und natürlich besonders für die vielen anderen keine Möglichkeit bestand, sich umfassend zu informieren. Da stellte sich mir die naheliegende Frage: Warum hat eigentlich noch niemand ein Buch über den Herzberger Quader geschrieben? In meiner Situation gab es darauf nur eine Antwort, nämlich dieses Buch.

15

Anhang

Kombinatorik und Symmetrien

Obwohl dieses Thema nur indirekt mit dem Herzberger Quader zu tun hat, ist es doch interessant und wichtig genug, um hier noch kurz betrachtet zu werden. Es geht um die Festungen aus Kapitel 5 und die Berechnung der Anzahl der voneinander verschiedenen Aufgabenstellungen. Aus der Kombinatorik ist bekannt, dass für eine Auswahl von 4 aus 36 insgesamt 58 905 Möglichkeiten existieren. Dabei sind aber noch nicht die Symmetrien berücksichtigt, aufgrund derer jeweils mehrere der Anordnungen dieselbe Aufgabenstellung ergeben und deshalb nicht noch einmal zu zählen sind.

Erschwerend kommt hinzu, dass die Anzahl der Symmetrien jeder Aufgabenstellung ausschlaggebend dafür ist, wie oft diese Anordnung mit allen ihren dazu gedrehten und gespiegelten Anordnungen in den ursprünglich 58 905 vorkommt. Deshalb müssen wir zunächst die Symmetrien unseres 6×6-Festungsgrundrisses bestimmen.

Beim Drehen des Quadrats gibt es zwei Symmetrien. Eine Anordnung kann schon nach 90° deckungsgleich sein, aber auch erst nach 180°. Selbstverständlich ist jede Anordnung, die nach einer Drehung um 90° deckungsgleich ist, auch nach einer Drehung um 180° deckungsgleich.

Spiegelungen sind an den beiden Mittellinien, die das Quadrat in zwei Rechtecke teilen, möglich. Ebenso gut kann das Quadrat an den beiden Diagonalen gespiegelt werden.

Durch Drehungen können also vier Anordnungen untereinander deckungsgleich sein, durch eine Spiegelung kann sich diese Zahl auf acht verdoppeln. Jede total unsymmetrische Aufgabenstellung kommt in den

58 905 Anordnungen also acht Mal vor. Eine Aufgabenstellung, die alle möglichen Symmetrien zugleich aufweist, wird dabei nur ein einziges Mal vorkommen. Die anderen liegen dazwischen und müssen nun bestimmt werden.

Um die Drehung um 90° besser analysieren zu können, unterteilen wir unseren Grundriss in vier kleine Quadrate.

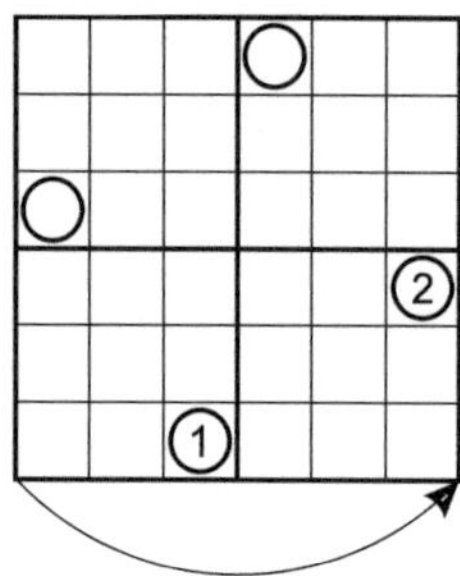

Die Inhalte dieser Quadrate sind gegenseitig voneinander anhängig, sodass es ausreicht, eines davon zu betrachten. Offensichtlich liegt in jedem Quadrat genau ein Turm, und genauso offensichtlich existieren dafür nur neun verschiedene Möglichkeiten. Drei davon sind zudem spiegelsymmetrisch, nämlich die, bei denen die Türme auf den Diagonalen des Grundrisses liegen. Wir erhalten also drei total symmetrische Anordnungen und sechs, die nicht spiegelsymmetrisch sind.

Als nächstes betrachten wir die Drehungen um 180°, die gleichzeitig spiegelsymmetrisch sind. Wegen der Drehung unterteilen wir unseren Grundriss in zwei Hälften.

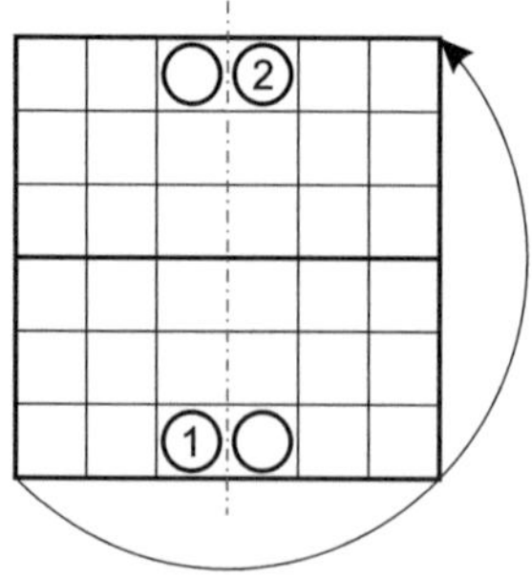

Eine Spiegelung parallel zu einer Seitenlinie führt wie oben zu einer gegenseitigen Abhängigkeit der vier Quadrate. Deshalb ist auch die Lösungsmenge dieselbe. Auch die drei total symmetrischen Lösungen sind wiederum enthalten, also gibt es sechs neue Anordnungen.

Bei den Spiegelungen an den Diagonalen kommen wir nicht ohne weitere Fallunterscheidung aus.

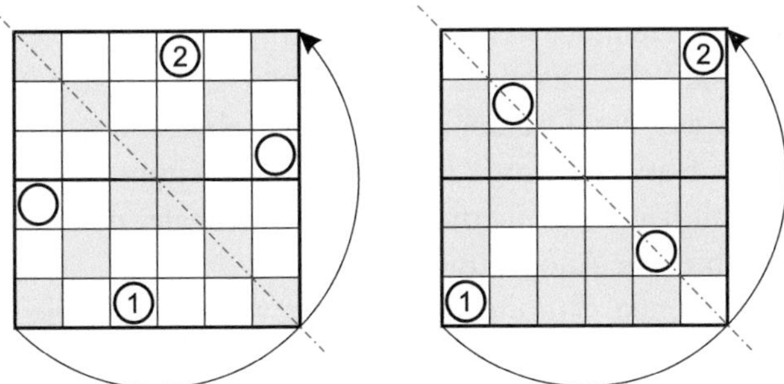

Zunächst schließen wir die Felder auf den Diagonalen aus. Dann bestimmt auch hier die Lage des ersten Turms durch die Drehung und die Spiegelung wieder die der drei anderen. Insgesamt ergeben sich sechs neue Anordnungen.

Wenn wir jedoch einen Turm auf einer Diagonale positionieren, so liegt auch der zweite nach der Drehung auf dieser Diagonale. Alle nicht auf einer Diagonale liegenden Positionen führen zwangsläufig zu einer Gruppe von vier Türmen, also können die beiden verbleibenden Türme auch nur auf einer Diagonale liegen.

Für die beiden Türme in der unteren Hälfte gibt es sechs mögliche Positionen, gemeinsam führt das zu 15 verschiedenen Anordnungen. Auch hier sind wieder die drei total symmetrischen Lösungen enthalten, also verbleiben zwölf.

Die Drehung um 180° mit Spiegelung an einer Diagonale kennt somit 18 Lösungen.

Für Drehungen um 180° ganz ohne Spiegelsymmetrie ist die Berechnung einfach. Zwei Türme lassen sich auf die 18 vorhandenen Plätze auf 153 Arten verteilen. Darin sind aber auch die spiegelsymmetrischen enthalten, die wir selbstverständlich abziehen müssen. Demzufolge kommen wir auf $153 - 18 - 6 - 6 - 3 = 120$ Anordnungen, die als Symmetrie ausschließlich die 180°-Drehung aufweisen.

Für die Spiegelungen ohne Drehsymmetrie benötigen wir wieder die Fallunterscheidung nach der Symmetrierichtung.

Die Spiegelung parallel zur Seite unterteilt das Quadrat in zwei Hälften. In jeder Hälfte befinden sich zwei Türme, die mögliche Anzahl von Anordnungen ist also wieder 153. Davon ziehen wir die drehsymmetrischen ab und erhalten $153 - 6 - 3 = 144$. Die Unterteilung in zwei Hälften kann sowohl horizontal als auch vertikal erfolgen. Deshalb gibt es insgesamt 288 Anordnungen.

Für die diagonalen Spiegelungen existieren drei unterschiedliche Fälle. Im ersten Fall befinden sich je zwei Türme auf jeder Seite der Diagonale. Dort gibt es für sie insgesamt 15 Plätze und damit 105 verschiedene Anordnungen.

Im zweiten Fall befindet sich nur je ein Turm seitlich der Diagonale, die beiden anderen auf der Diagonale. Seitlich gibt es 15 Plätze für den Turm, und die beiden auf der Diagonale lassen sich ebenso auf 15 verschiedene Arten anordnen, was insgesamt 225 Anordnungen ergibt.

Im dritten Fall liegen alle Türme auf der Diagonale, dafür existieren wiederum 15 verschiedene Anordnungen.

Von der erhaltenen Summe müssen wir wieder die Spiegelungen mit Drehsymmetrie abziehen, erhalten also $105 + 225 + 15 - 18 - 3 = 324$. Unter Berücksichtigung beider Diagonalen sind das 648.

Die Menge aller irgendwie symmetrischen Anordnungen haben wir nun bestimmt, verbleibt also noch die Menge der unsymmetrischen. Dazu müssen wir nur die symmetrischen von der Gesamtmenge abziehen und erhalten $58\,905 - 648 - 288 - 120 - 18 - 6 - 6 - 3 = 57\,816$ unsymmetrische.

Zur Veranschaulichung des Sachverhalts kann man ein Mengendiagramm nutzen. Für die verschiedenen Symmetrien haben wir dazu passende Muster gewählt. An der Stelle, an der sich alle überlagern, liegen die drei total symmetrischen Anordnungen, darum herum die verschiedenen weniger symmetrischen und im äußeren Bereich die unsymmetrischen.

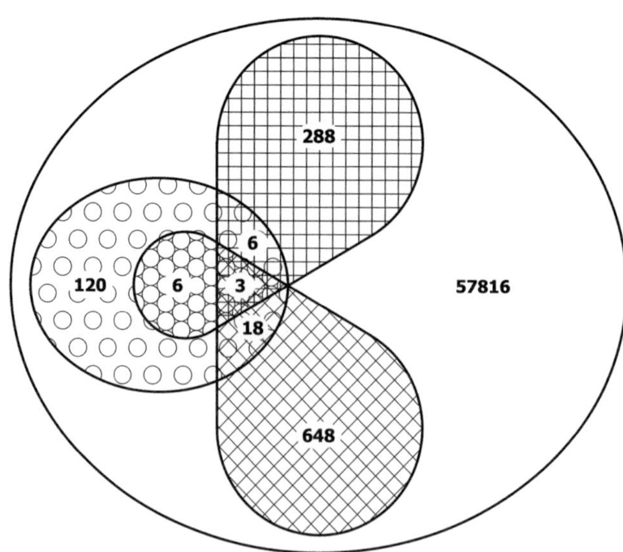

Zum Schluss müssen wir noch berechnen, wie viele Aufgabenstellungen diese Anordnungen erzeugen.

Die drei total symmetrischen Anordnungen sind Unikate, sie erzeugen demzufolge auch drei Aufgabenstellungen. Von den um 90° gedrehten gibt es jeweils noch die Spiegelung, deshalb erzeugen die sechs Anordnungen nur die Hälfte, also drei Aufgabenstellungen. Dasselbe gilt für die um 180° gedrehten und gespiegelten, die analog drei und neun Aufgabenstellungen erzeugen. Die Anordnungen mit nur einer Symmetrie sind in ihrer Aufgabenstellung zu viert, also gibt es von letzteren 30, 72 und 162. Alle unsymmetrischen Aufgabenstellungen haben acht Anordnungen zur Grundlage, also sind das $57\,816/8 = 7227$.

Insgesamt ergeben sich somit $3+3+3+9+30+72+162+7227 = 7509$ verschiedene Aufgabenstellungen für die Verteilung der Türme auf dem 6×6-Festungsgrundriss.

Weiterführende Literatur

Auf eine Liste weiterführender Literatur verzichten wir hier ganz bewusst. Wer sich informieren möchte, wird in der Wikipedia zumindest für die im Buch kursiv hervorgehobenen Fachbegriffe garantiert fündig. Dort existiert in der Regel auch eine Übersicht von Werken zur Vertiefung des jeweiligen Themas. Mit dieser Aktualität können und wollen wir hier nicht konkurrieren.

Lösungen der nummerierten Aufgaben

Lösungen für die Aufgaben bieten wir keine an, die sollte man selbst finden. Als einziger Hinweis sei verraten, dass in Kapitel 8 insgesamt drei Aufgaben keine Lösung für den Zusammenbau haben, und die Beweise dafür allesamt nicht schwieriger sind als die im Buch bei anderen Gelegenheiten vorgestellten.

Darüber hinaus kann sich natürlich jeder selbst der Herausforderung stellen, ästhetisch oder mathematisch schöne Körper oder Körper mit interessanten Lösungen zu finden. Vielleicht ist ja einer dabei, der eine Nummer von 36 bis 50 oder ab 66 verdient. In diesem Fall und natürlich auch bei allen anderen Fragen rund um den Herzberger Quader ist die erste Anlaufstelle die Website des Herzberger Quaders unter

https://herzberger-quader.de.

MIX
Papier aus verantwortungsvollen Quellen
Paper from responsible sources
FSC® C105338

If you have any concerns about our products,
you can contact us on
ProductSafety@springernature.com

In case Publisher is established outside the EU,
the EU authorized representative is:
Springer Nature Customer Service Center GmbH
Europaplatz 3, 69115 Heidelberg, Germany

Printed by Libri Plureos GmbH
in Hamburg, Germany